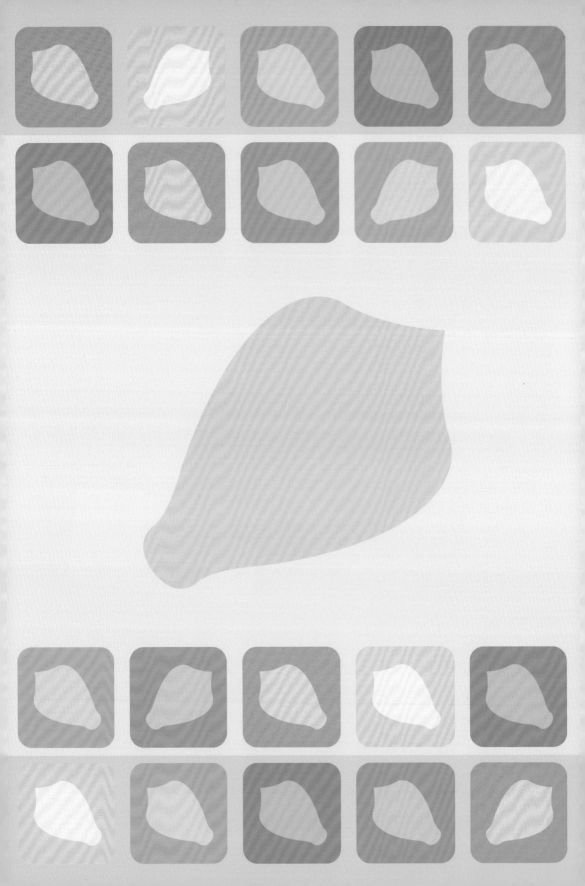

多肉学问大

多肉植物养护图鉴

史玉娟◎编著

吉林科学技术出版社

图书在版编目（CIP）数据

多肉学问大 ：多肉植物养护图鉴 / 史玉娟编著. ——
长春 ：吉林科学技术出版社，2017.8
ISBN 978-7-5578-1162-4

Ⅰ．①多… Ⅱ．①史… Ⅲ．①多浆植物－观赏园艺－
图谱 Ⅳ．①S682.33-64

中国版本图书馆CIP数据核字(2016)第168012号

多肉学问大：多肉植物养护图鉴

Duorou Xuewen Da : Duorou Zhiwu Yanghu Tujian

编　　著：史玉娟
出 版 人：李　梁
图书策划：周　禹
责任编辑：周　禹　郭　廓　张　超
封面设计：长春创意广告图文制作有限责任公司
制　　版：长春创意广告图文制作有限责任公司
开　　本：710 mm×1000 mm　16开
印　　张：16
印　　数：1-5 000册
字　　数：240千字
版　　次：2017年8月第1版
印　　次：2017年8月第1次印刷
出版发行：吉林科学技术出版社
社　　址：长春市人民大街4646号
邮　　编：130021
发行部电话 / 传真：0431-85635176　85651759
　　　　　　　　　　85635177　85651628
　　　　　　　　　　85652585
编辑部电话：0431-85677819
储运部电话：0431-86059116
网　　址：http://www.jlstp.com
实　　名：吉林科学技术出版社
印　　刷：辽宁新华印务有限公司
书　　号：ISBN 978-7-5578-1162-4
定　　价：49.90元

前言

近几年，"多肉植物"在花卉市场中是一个很受欢迎的品种。绝大多数多肉植物有着体型小、生长慢、形态奇特、花朵美丽、养护简便、繁殖容易等特点，因此，多肉植物十分适合现代都市人培植。多肉植物的培植形态各异，无论摆放在哪里，都能起到"画龙点睛"的效果。

养多肉植物很难吗？其实不然，只是我们还没有摸透它们的小脾气，所以难免跌跌撞撞，让我们的肉肉饱受委屈。每一株多肉植物的性格都明确而又简单，不要多浇水、不要多施肥、光照要充足，这些很小很小的要求，就能让我们的肉肉焕发出勃勃生机。

本书中的多肉植物种类繁多，个个美貌如花，都是近年来由园艺学家通过育种和选种精心培育的精品，是不可多得的观赏花卉。每一株多肉植物都有其独特的个性，了解其最直接的需求，借助书中专业而又详细的肉肉信息，把你的肉肉从土壤、水分、光照、施肥等方方面面，照顾到位。总之，我想要的肉肉都在这里面哪！

目录

6

番杏科

黛比

景天科
风车草属

Graptoveria 'Debbie'

长什么样儿: 叶片长匙形, 先端尖, 具有叶片基部薄、越往上越厚实的特点, 叶片光滑, 长年都是紫色, 只是光照充足、温差大时, 紫色会变成更为艳丽的紫红色至粉橙色。属于大型莲花, 莲座直径能超过10cm。易群生。

养护要点: 度夏不难, 放在阴凉通风处, 浇水稍减, 可不影响生长, 只是生长速度稍慢一些。冬季温度不低于10℃时可正常生长, 其他季节可在保持充足光照的情况下, 多浇些水。繁殖方法可用叶插和分枝茎插。

萌点欣赏:

神秘高贵的紫色是黛比的特点, 而且一年四季都是如此。

华丽风车

景天科
风车草属

Graptopetalum pentandrum ssp superbum

长什么样儿: 叶片卵状圆形, 先端尖, 华丽风车的叶片呈水平状排列, 并不聚拢, 这也是品种特色之一。叶色粉紫, 叶面覆薄粉, 光照不充足时, 叶色会转成淡绿, 而且叶间距拉长, 影响植株美好外形。易木质化和滋生侧芽。

养护要点: 夏季高温时短暂休眠, 休眠期要注意庇荫减水, 并保证环境通风良好。越冬时, 温度在10℃以上, 植株可以正常生长, 若低于0℃则要断水, 使盆土保持干燥状态。华丽风车非常需要充足的光照来维持植株的美丽状态, 因此夏季除了正午庇荫, 上午和下午可适当见光, 春秋冬三季要保持充足光照。繁殖方法可用叶插和分株。

萌点欣赏:

粉紫色的叶片是欣赏重点。

萌点欣赏：

橙黄的果冻色可不是谁都能有的，尤其在大群货中，秋丽的萌点就在于普通而不逊色。

秋丽

景天科
风车草属

Graptosedum 'Francesco Baldi'

长什么样儿： 叶片细长，较厚实，先端稍尖，叶片比较光滑，上面覆盖着薄薄的白粉，叶片背面有突出的龙骨，叶色深绿至灰绿，光照充足、温差加大后，叶色变成紫红色或橙红色。易群生。

养护要点： 度夏不难，但要移到阴凉通风处，适量减少浇水，尤其不可以被雨水淋到，否则易烂根。越冬时，环境温度不低于0℃便不会发生冻伤。繁殖方法主要是叶插和茎插。

姬秋丽
景天科
风车草属

Graptopetalum mendozae

长什么样儿： 叶片短圆，较为饱满，有叶尖，叶色灰绿，但光照充足、温差加大时，叶色会变为橙粉色或粉紫色。易群生，是秋丽的迷你型品种。

养护要点： 与秋丽的养护方法相近，但在夏季时要比秋丽更少浇水，尤其是群生后的植株，群生后植株根系通风差，夏季环境潮湿闷热，浇水过多既容易烂根，也易滋生病虫害。繁殖方法主要是叶插和茎插，叶插成活率超高，几乎每一片叶子都会出多头苗。

丸叶姬秋丽
景天科
风车草属

长什么样儿：叶片卵圆形，饱满，叶短圆滑，与姬秋丽相比，丸叶姬秋丽的叶片更圆，也更大些。同样易群生，易木质化。

养护要点：没有明显的休眠期，但夏季庇荫时，要减少浇水，水多易徒长，使植株失去紧凑美丽的模样。冬季，环境温度不低于10℃时可缓慢生长。繁殖方法主要是叶插和茎插。

萌点欣赏：

饱满的果冻色叶片上微具蜡质，带点金属光泽是丸叶姬秋丽的特色。

蓝豆
景天科
风车草属

Graptopetalum pachyphyllum 'Bluebean'

长什么样儿：叶片呈修长的圆柱形，先端尖，稍向内聚拢，叶色紫蓝，叶片上覆盖一层白粉，光照充足、温差加大时，叶色会由蓝紫色变成靓丽的蓝粉色至蓝橙色，叶尖紫红。易木质化和群生。

养护要点：夏季高温时会休眠，要庇荫、减水、通风，冬季，温度不低于10℃时可正常生长。唯一需要特别注意的是，一定不要在夏季购入蓝豆，因为它服盆很慢，而要使蓝豆尽快生根服盆，必须要土壤湿润，在夏季，潮湿的土壤易导致多肉黑腐，蓝豆很难幸存，在春秋季入手比较合适。

萌点欣赏：

不管是楚楚动人的蓝色还是蓝粉色，都足够萌化人心了。

萌点欣赏：粉红色修长纤细的叶尖非常妖媚，这是银星的萌点。

银星

景天科
风车草属

Graptoveria cv.Silver Star

长什么样儿：叶片长卵形，排列密实紧凑，叶尖修长，向外弯曲，叶色深绿至灰绿，上面有金属颗粒般的光泽，光照充足、温差加大后，叶尖会变成粉红色，姿态极妖媚。易群生。

养护要点：夏季可不休眠，但要将盆栽移至阴凉通风处，并减少浇水，其他季节可耐半阴，但缺光条件下，植株会徒长，缺乏美感，比较不耐寒，冬季温度最好保持在10℃以上。繁殖方法主要是茎插和叶插。

格林 景天科
风车草属

Graptoveria 'A Grim One'

长什么样儿： 叶片长匙形，先端尖，叶片厚实，叶片正面比较平，背面较圆滚，叶面上覆盖一层薄薄的白粉，光照充足、温差加大后，叶尖和叶边变粉红，叶片变成透明的果冻黄。易群生。

养护要点： 度夏越冬都不难，如果处在通风好的环境中，夏季也不用完全庇荫，因为过度荫庇会使植株叶片摊开，失去聚拢的美好姿态，且颜色变得不美。繁殖方法主要是叶插和茎插，成活率都很高。

萌点欣赏：
春秋季，格林很容易现出迷人的果冻色，这是欣赏重点。

胧月

景天科风车草属

别名：粉叶石莲花

Graptopetalum paraguayense

长什么样儿：茎干灰白色、肉质，叶片长匙形，两边稍向外侧翻，叶背有龙骨，叶色灰绿色至粉蓝色，叶片大且肉质。在台湾的某些地方，有一种半成品的凉拌菜，名字是石莲花，其实呢，就是胧月的叶片。胧月易滋生侧芽和木质化，生长速度和群生速度都很快。

养护要点：夏季不休眠，但光照过强时要适当庇荫，浇水次数和水量可不必减少，但要避开正午，因为这时温度高，肉质根吸收过多，加上温度过高会烂根。冬季可耐受0℃以上低温，低于0℃则要减少浇水。繁殖方法主要是叶插和茎插，成功率极高。

萌点欣赏：

粉蓝色的肉质叶片极厚实，向下散开簇生在顶部很像风车。

姬胧月

景天科风车草属

Graptopetalum paraguayense.cv

长什么样儿：叶片红褐色，如果终年光照充足，一直都是这个颜色，群生后成片的红褐色极其靓丽。

养护要点：夏季不会休眠，适当庇荫可正常生长，但要求环境通风好，浇水时间可选在每天早晨或傍晚，越冬温度不低于10℃可正常生长。繁殖方法可用叶插和茎插，成活率超高。

萌点欣赏：

叶片红褐色，如果终年光照充足，一直都是这个颜色，群生后成片的红褐色极其靓丽。

葡萄

景天科风车草属
别名：红葡萄

Graptoveria amethorum

长什么样儿：叶片匙形，非常厚实，先端有短尖，叶背有明显的龙骨，叶色灰绿，叶边和叶尖红色，光照充足、温差加大后叶色会变成艳丽的紫红色，叶片变厚实圆润，莲座更紧凑，光照不足时叶片拉长变瘦，叶片排列疏松。品种易群生。

养护要点：夏季最好放在阴凉通风处养护，在这种环境下植株不会休眠，但生长缓慢，因此少浇水。越冬温度最好不低于零下3℃，当温度在10℃以上时，品种可缓慢生长。除了夏季适当庇荫，其他季节都要保证充足光照。繁殖方法可用叶插和砍头茎插。

萌点欣赏：

叶片棱角分明，紫红的叶色如成熟后的葡萄。

雪山

景天科
仙女杯属

Dudleya pulverulenta

长什么样儿：叶片呈三角剑形，叶基部宽，越往上越窄，有修长的叶尖，叶片上覆盖着厚厚的白粉，叶色蓝绿，雪山是比较大型的多肉，随着生长，茎干会木质化变得很粗壮，莲座底部的叶片会枯萎掉。

养护要点：在高温高湿的夏季会休眠，植株停滞生长明显，此时要移至阴凉通风处，减少浇水，避免被雨水淋到。冬季的环境温度要保持在10℃以上，此时可缓慢生长，如果低于5℃则要警惕冻伤。繁殖方法可用砍头茎插或播种。

萌点欣赏：

刚劲有力的外形和叶片上厚厚的白粉是特色。

19

萌点欣赏：
叶片上厚厚的白粉是仙女杯的主要特色，这种白粉极厚实，摸起来有一些涩。

仙女杯 景天科
仙女杯属

Dudleya brittonii

长什么样儿： 仙女杯并不是一种多肉植物，而是一类多肉植物的统称，它们的叶片形状各异，有的宽大，有的细长，但相同点都是叶面上覆盖着厚厚的白粉，这些白粉的厚实程度表现在会使叶片完全呈现白色，而遮掩住叶片本身的颜色。仙女杯莲座会长大，但很难滋生出侧芽。

养护要点： 夏季高温时休眠，休眠期要庇荫减水，保证环境通风良好，仙女杯在夏季时姿态很差，即便叶片干落很多也要断水，否则植株易感染病菌而黑腐。越冬温度不宜低于0℃，在3℃左右时就要减少浇水，0℃时完全断水，春秋季要保证充足散射光，避免接受强光暴晒，且浇水时注意不要蹭掉叶面上的白粉，蹭掉后很难长。繁殖方法主要是播种和砍头茎插。

白菊
景天科
仙女杯属

Dudleya greenei

长什么样儿：叶片三角锥形，先端较尖，叶色蓝绿，叶面上覆盖着厚厚的白粉，光照充足、温差加大时，叶尖会变成紫红色。仙女杯属中的多肉都是株型较大的，但白菊是个例外，它的莲座较小，比较迷你，易群生。

养护要点：夏季高温时会休眠，休眠期要断水，休眠期的现象很明显，植株生长明显变缓，莲座外围的叶片会变干枯。越冬温度最好保持在5℃以上，低于0℃要断水，春秋季是其主要生长期，可以放心地浇水给肥，但要保持充足的光照，而且要注意浇水时不要碰到叶片上的白粉。繁殖方法主要用茎插或分株。

萌点欣赏：

短小而透露坚毅的叶片及叶片上厚厚的白粉是欣赏重点。

黛伦
景天科
拟石莲花属

Echeveria Deren-Oliver

长什么样儿：叶片匙形，叶端微尖，莲座外部叶片稍向内聚拢，内部叶片更平展，叶色翠绿，光照充足、温差加大后叶尖和叶背都会变成殷红色，易滋生侧芽。

养护要点：夏季高温时休眠，如果环境阴凉通风，可缓慢生长，越冬时可耐10℃以上低温，若低于5℃则需断水，如果环境光照差，也需要减少浇水或直接断水。繁殖多用砍侧芽茎插。

萌点欣赏：

如果说殷红的叶边和叶背龙骨是黛伦相似于其他多肉植物的魅力之处，那几近平展的叶片形状则非常具有个人特色。

萌点欣赏:

黄绿或白绿相间的叶色很有优雅的感觉，虽说很多斑锦品种都有黄绿相间的颜色，但如皮氏石莲锦这般规整的却不多。

皮氏石莲锦

景天科
拟石莲花属

Echeveria Subsessilis variegated

长什么样儿: 叶片匙形，先端尖，叶片较薄，边缘和叶片光滑，叶片的中间呈淡绿色，两边呈浅黄色或白色，叶面上覆盖着薄粉，光照充足时，叶片两边会显现出淡淡的粉红色。皮氏石莲锦属于小型多肉，生长较缓慢。

养护要点: 夏季高温时休眠，休眠期要保证环境通风，尽量减少浇水。越冬温度最好不要低于3℃，低于这个温度要减少浇水或断水。春秋季是其主要生长季，要尽量保持充足光照，否则株型松散，植株颜色也不够靓丽。繁殖方法可用叶插或砍头茎插。

厚叶月影
景天科
拟石莲花属

Echeveria elegans

长什么样儿：叶片半圆形，极厚实，有微小的叶尖，叶面平滑，叶色蓝绿，叶片上覆盖着薄粉，叶片包裹密实。莲座小巧，易群生。

养护要点：夏季休眠，休眠期要保持环境阴凉通风，尽量少浇水，发现植株有干枯迹象时，沿着盆边微微点水。越冬温度不要低于0℃，否则易发生冻伤。其他季节要给予充分光照，否则株型不紧凑，优雅的蓝绿色也会变成草绿色。繁殖方法可用叶插和茎插。

萌点欣赏：

　　厚实的蓝绿色叶片是欣赏重点，厚叶月影不像月影系的其他品种，有靓丽的颜色，只是靠叶片的厚实程度吸引眼球。

姬小光
景天科
拟石莲花属

Echeveria setosa rondelli

长什么样儿：叶片卵圆形，修长，先端尖，叶片上覆盖白粉，叶色蓝绿，叶片排列整齐划一，株型看上去极有美感，姬小光与小蓝衣外形很像，唯一区别是姬小光叶片上几乎无毛，而小蓝衣叶尖有细长的绒毛。姬小光成株易群生。

养护要点：夏季会休眠，要移至阴凉通风处，并减少浇水。越冬温度最好不要低于5℃，如果环境温度在10℃以上，植株可正常生长。繁殖方法主要是砍头茎插或分株。多肉植物中有一部分是冷凉季节生长，夏季休眠的，但这里所说的"休眠"也是相对的，如果环境阴凉，通风顺畅，且能有部分光照，植株也可以不进入休眠期，那么如何判断植株休眠了呢？如果发现植株超过两周都没有生长的迹象，且植株不够精神，不管怎么浇水，叶片都干瘪不够饱满，那说明植株休眠了，再也不要浇大水了。

萌点欣赏：

　　覆满薄粉的蓝绿色叶片和整齐的株型是姬小光的特色。

蓝粉台阁
景天科
拟石莲花属

Echeveria runyoniiv

长什么样儿：蓝粉台阁叶片卵圆形，叶端有尖，叶色在散射光下呈蓝紫色，光照充足时叶色会泛白，叶尖粉红。蓝粉台阁与红粉台阁很相像，但叶片要比红粉台阁厚很多。蓝粉台阁是大型石莲花，容易长大。

养护要点：夏季休眠时移到阴凉通风处，少浇水。冬季温度不低于10℃时可缓慢生长。繁殖方法主要为叶插。

萌点欣赏：

覆满白粉的蓝紫色叶片是非常靓丽迷人的。

奶油黄桃
景天科拟石莲花属

别名：亚特兰蒂斯

Echeveria Atlantis

长什么样儿：叶片卵圆形，比较单薄，叶面光滑，有一层薄薄的白粉，先端尖，叶色淡绿，叶边红，当光照充足、温差加大时，叶片颜色会由淡绿色转为淡橙黄色，叶边更为粉红。从外形上看，没出状态时与玉蝶很相似，但晒出美丽颜色后，就显现出该有的曼妙姿态了。易群生。

养护要点：夏季高温时休眠，要移到阴凉通风处，少量给水。越冬时温度不要低于5℃，在这个温度左右时要适当断水。繁殖方法多用分株，叶插偶尔成功。

萌点欣赏：

当它泛出橙黄带粉的果冻色时，便是最美的时刻。

丹尼尔
景天科
拟石莲花属

Echeveria cv.Joan Daniel

长什么样儿： 丹尼尔莲座非常迷你，叶片是短短的匙形，非常厚实，叶缘光滑，有叶尖，叶背有明显的龙骨。刚刚生出的小叶片看上去很像三角形。光照增加后，叶边和龙骨会变成艳丽的红色，叶背呈暗红色，叶片正面散布着殷红的斑点。容易群生。

据说丹尼尔是王妃锦司晃和红司的宝宝，但丹尼尔的个头儿却全然不似它的父本和母本，丹尼尔迷你很多。丹尼尔遗传了锦司晃叶片上的血红斑点。有些杂交品种与父本、母本相像得很，有些，如丹尼尔，却拥有自己超级独特的样貌。

养护要点： 丹尼尔长得比较慢，度夏时要庇荫减水，其他季节正常养护。繁殖时，叶插成活率稍低，更适宜砍下侧芽茎插。

萌点欣赏：
几乎遍布整个莲座的殷红色，醒目的红色非常惹人注目。

花立⊕

景天科
拟石莲花属

Echeveria pulchella f.variegata

长什么样儿： 叶片长匙形，先端尖，叶片稍微向内凹，叶面光滑，覆盖一层薄薄的白粉，叶色青绿，在白粉的衬托下，显现出蓝绿色，花立田的莲座并不是非常紧凑，从外形上看，与千羽鹤有些相像，却比千羽鹤的叶片厚实很多，而且具白粉。

养护要点： 夏季适当庇荫，移至阴凉通风处，并减少浇水，但不要断水，因为花立田多半不会休眠。越冬温度保持在10℃以上可缓慢正常生长。需要注意的是，除了夏季适当庇荫，其他季节都要保证充足光照，否则株型会更加松散，失去观赏性，而且花立田摊饼后，辨识度和观赏性大大降低。繁殖方法主要是叶插和茎插。

纸风车 景天科拟石莲花属

别名：紫风车

Echeveria sp pinwheel (Tuxpan)

长什么样儿：叶片长匙形，先端有明显的红尖，叶片前端较平，尤其是老叶片，叶背有明显的龙骨，叶色蓝绿，叶边和叶尖红色，光照充足、温差加大后，叶片会接近粉紫色，叶片修长，排列紧密，使得整个莲座看起来十分紧凑。

养护要点：夏季不休眠，但要适当庇荫，浇水每周1~2次，时间选在早晚凉爽时，越冬温度尽量不要低于5℃，否则易发生冻伤，如果低于这个温度，最好断水，在生长期要保证充足光照。繁殖方法主要用叶插和茎插。

萌点欣赏：

淡淡蓝紫的叶片和修长的红尖是欣赏重点。

吉卜赛人 景天科拟石莲花属

别名：吉卜赛女郎、吉卜赛美人

Graptoveria 'Mrs Richards'

长什么样儿：叶片呈较宽的三角形，厚实，先端稍尖。覆薄粉，缺光时叶色灰绿泛紫，光照充足、温差加大后，叶色变成靓丽的粉紫。从外形上看，与厚叶旭鹤有些相像，但比旭鹤株型小，叶色也比旭鹤漂亮，易群生。

养护要点：夏季高温时要庇荫，如果环境通风良好可不休眠，但要减少浇水，假如春秋季每周浇水3~4次，度夏时减至每周1~2次即可。越冬温度不要低于3℃，否则易发生冻伤，10℃以上可正常生长。繁殖方法茎插、叶插均可。

萌点欣赏：

一说起吉卜赛人，会立即让人想起热情狂野的歌舞和那些令人惊艳的民族服饰。而多肉中的吉卜赛人，则更加秀丽婉约，粉紫色的叶片加上薄薄的白粉，是吉卜赛人的欣赏重点。

墨西哥巨人

景天科
拟石莲花属

Echeveria Mexican Giant

长什么样儿： 叶片长梭形，基部宽，越往上越窄，先端较尖，叶片厚实，上面覆满厚厚的白粉，在白粉的掩映下，叶片呈粉紫色，光照充足、温差加大时，叶色会变成淡淡的橙红色，墨西哥巨人株型较大，生长不慢。

养护要点： 夏季高温时会休眠，要放到阴凉通风处养护，尽量减少浇水，在高温高湿季节，要断水。冬季可耐0℃以上低温，但在0℃左右时要尽量断水，春秋冬三季要保持充足光照，缺光会导致植株徒长，株型松散，降低观赏价值。繁殖方法可用茎插。

萌点欣赏：

坚毅大气的株型和叶片上厚厚的白粉是欣赏重点。

里加

景天科拟石莲花属
别名：黑魔王里加

Echeveria Riga

长什么样儿： 叶片长匙形，先端尖，叶片稍向内聚拢，叶片较薄，叶色黄绿，叶边呈紫红色，光照充足、温差加大后，叶片上容易出现紫红色的斑块，也有人将其称作血斑，这是里加的特点之一。易木质化和滋生侧枝。

养护要点： 夏季高温时休眠，要庇荫断水，保持环境通风，发现植株叶片干瘪时，可沿着盆边洒一些水，越冬温度最好不要低于3℃，0℃以下须彻底断水。繁殖方法主要用茎插。

萌点欣赏：

叶片上的血红斑点是欣赏重点。

萌点欣赏：
蓝白相间的修长叶片是欣赏重点。

立田锦
景天科
拟石莲花属

Echeveria Pachyveria 'Albocarinata'

长什么样儿： 叶片长匙形，先端尖，叶片稍微向内凹，叶面光滑，覆盖一层薄薄的白粉，淡淡的绿色叶片中间有不规则的白色纹路，缺光时叶色淡绿，光照充足、温差加大后，叶边和叶背会变成粉红色。易滋生侧芽。

养护要点： 度夏和越冬都不难，夏季要适当庇荫，高温闷热时减少浇水，但避免叶片干瘪，要适量给植株喷水，或沿盆边浇一些水。冬季温度尽量保持在5℃以上，否则要减水或断水。除了夏季适当庇荫，其他季节都要保证充足光照。繁殖方法可用叶插和茎插。

萌点欣赏：
叶片上厚厚的白粉和迷你的莲座是欣赏重点。

象牙莲
景天科
拟石莲花属

Echeveria sp.

长什么样儿：叶片长梭形，先端尖，叶背有龙骨，叶片上覆盖着厚实的白粉，叶色呈淡淡的蓝粉色，叶片的颜色与霜之朝相近，但株型小于霜之朝，叶片比霜之朝更薄，易滋生侧芽。

养护要点：夏季要适当庇荫，如果环境阴凉、通风好，植株不会休眠，会缓慢生长，但要减少浇水；越冬温度不可低于3℃，温度过低会发生冻伤，如果环境温度保持在15℃以上植株可缓慢生长。象牙莲需要充足光照，除了夏季适当庇荫外，其他季节都要保持充足光照。繁殖方法可用茎插。

蓝宝石
景天科
拟石莲花属

Echeveria subcorymbosa

长什么样儿：叶片匙形，叶背有龙骨，叶片正面有不规则的白色纹路，先端尖，从整体上看，蓝宝石算是比较棱角分明的"肉肉"，叶边和叶尖都呈紫红色，叶片本身蓝绿色。易群生。

养护要点：夏季休眠，要保证环境阴凉通风，发现植株叶片干瘪时，沿盆边适当喷水。冬季环境温度保持在10℃以上时，可缓慢生长，低于3℃要断水。繁殖可用叶插或分株。

萌点欣赏：

　　蓝宝石的叶片棱角分明，且叶尖、叶边都呈红色，虽说多了一些坚毅感，但萌萌哒一样可爱。

绿爪
景天科
拟石莲花属

Echeveria cuspidate var zaragozae

长什么样儿：叶片匙形，叶端有个明显的红尖，叶片比较窄，叶面光滑，上面覆盖一层很薄的白粉，叶色淡绿，光照充足、温差加大后叶色变成淡淡的果冻黄，红尖的色泽也会更加艳丽。易滋生侧芽。

养护要点：夏季适当庇荫，要保持环境通风良好，并减少浇水，冬季环境温度最好在5℃以上，低于这个温度要断水。春秋主要生长季要保证充足的光照。繁殖方法可用茎插或分株。

萌点欣赏：

　　殷红的叶尖如美人指端的蔻丹，艳丽且妖娆多姿。

天狼星

景天科
拟石莲花属

Echeveria agavoides 'Sirius'

长什么样儿： 叶片呈宽阔的广卵形，先端有长尖，叶片厚实，叶面光滑无粉，叶色淡绿，叶边和叶尖呈艳红色。易群生。

养护要点： 夏季高温时休眠，要将植株移到阴凉通风处，减少浇水。这个时期如果水分过多，环境又阴凉，会导致植株徒长厉害，完全失去靓丽的外形。越冬温度最好保持在10℃以上，低于5℃要断水。繁殖方法主要是茎插、叶插或分株。

萌点欣赏：

妖娆修长的叶尖和粗犷的株型刚好成反比，就像原本想不到能搭在一起的元素，放在一起后却发现有另外一种美，这也许就是天狼星的特色吧。

黑爪

景天科
拟石莲花属

Echeveria cuspidata var gemmul

长什么样儿： 叶片长梭形，叶端有修长的红黑色长尖，整个株型向内聚拢，叶色蓝绿，叶片上有厚厚的白粉，在白粉的覆盖下，叶色显现出灰白色。易群生。

养护要点： 夏季高温时会休眠，若环境阴凉通风，也可不休眠，但要减少浇水，避免植株徒长。即便在夏季，也要在上午和下午阳光不强烈时让植株接受光照，黑爪只有在光照充足的条件下，才能显现出美好的颜色和形态。越冬温度保持在10℃以上可正常生长，春秋冬三季都要保证充足的光照。繁殖方法多用分株。

萌点欣赏：

叶片上厚厚的白粉和修长的红黑色叶尖是欣赏重点。

萌点欣赏：

叶尖、叶边、叶背，弥漫在叶片上艳丽的红色是观赏重点。

红颜
景天科
拟石莲花属

Echeveria secunda v Reglensis

长什么样儿： 叶片长卵形，叶端有长尖，叶边及叶面平滑，覆薄粉，叶尖和叶边红，缺光时，莲座摊开，叶片平直，叶色暗绿，欣赏价值不高，但光照充足、温差加大后，莲座聚拢，叶边和叶尖的红色艳丽，叶背也会慢慢泛红，这时才配得上"红颜"的美称。此品种易群生。

养护要点： 夏季高温时会休眠，此时要移到阴凉通风处，减少浇水。越冬温度保持在10℃以上会正常生长，但低于3℃便要断水，否则易发生冻伤。除了盛夏正午时，其他季节和时间都要接受充足光照，否则植株形态不美。春季水肥管理得当，植株生长会比较快。繁殖方法主要用分株或茎插。

双色莲

Echeveria bicolor
景天科拟石莲花属

长什么样儿： 叶片卵圆形，中间有一条明显的向内凹的线条，叶端稍尖，叶边有不太明显的波浪，叶色淡绿，叶边和叶尖呈褐红色，叶边有淡淡褐色的斑点。植株易滋生侧芽和木质化。

养护要点： 夏季高温时会休眠，此时要庇荫、减少浇水，并保证环境通风良好，切忌淋雨。冬季环境温度在15℃以上，植株可正常生长，也可耐0℃以上低温，但低于0℃就要慢慢断水。繁殖方法主要是叶插和茎插。

萌点欣赏：
紧凑的莲座是一种美，那么，松散的莲座则是另外一种美。松散的莲座、带有微微红斑的叶边便是双色莲的特点。

米兰达
景天科
拟石莲花属

Echeveria Miranda

长什么样儿：叶片匙形，相当修长，先端较尖，叶色翠绿至深绿，如果接受光照充足，温差加大，叶尖和叶边会变成淡淡粉红色，但大多数时候都是深绿色。易群生。

养护要点：米兰达是东云系品种，夏季高温时休眠，冷凉季节才生长。夏季要移到阴凉通风处，减少浇水，如果植株叶片干瘪，说明缺水严重，则沿着盆边少量喷水即可。越冬温度最好保持在15℃左右，低于3℃要慢慢减少浇水，至断水。繁殖方法主要是叶插或茎插。

萌点欣赏：

如果接受不到充足的光照，米兰达终年都是翠绿色，这在以色示人的多肉群中，算不算是个特点呢？

玉蝶锦
景天科
拟石莲花属

Echeveria Lenore Dean

长什么样儿：叶片圆匙形，先端尖，叶边比较平滑，从外形看与玉蝶相似，只是个头儿相对小一些，叶色黄绿相间，中间是绿色，两边淡黄色，易群生，但生长速度不如玉蝶快。很多肉肉都有斑锦品种，所谓斑锦品种实际上是一种基因变异，很像动物园里白狮、白虎，它们并不是天生这样，而是患了白化病，所以斑锦变化实际上是一种病态的变化。

养护要点：夏季高温时要适当庇荫，可以不减少浇水，但要保证环境通风，越冬温度最好在5℃以上，入秋后要警惕介壳虫，可提前喷一些药预防。繁殖方法可用分株或茎插、叶插。

萌点欣赏：

玉蝶的斑锦品种，比玉蝶色泽更美，黄绿相间的叶片是欣赏重点。

青褚莲 景天科 拟石莲花属

Echeveria setosa v.minor

长什么样儿： 叶片修长卵形，先端尖，叶色蓝绿，叶片上覆盖着很多白色的纤维质长毛，新叶长毛较多，老叶长毛较少。易群生。

养护要点： 夏季高温时休眠，此时要庇荫减水，保持环境通风良好。如果发现植株因缺水而叶片干瘪，要沿着盆边少量浇水，浇水时间最好选在傍晚。越冬时温度保持在15℃左右，植株可继续生长，若温度低于3℃，则要慢慢断水。繁殖方法主要是分株和茎插。

萌点欣赏：

叶片上覆盖的白色纤维质长毛是植物特色。

美尼王妃晃 景天科拟石莲花属

别名：王妃美尼晃

Echeveria minima cv. 'Miniouhikou'

长什么样儿： 叶片匙形，先端有长尖，叶片排列紧密，叶片背面有凸起的龙骨，叶色常年淡绿，只有修长的叶尖呈红色，叶面上覆盖着一层薄薄的白粉，莲座较小。易群生。

养护要点： 夏季高温时短暂休眠，此时要庇荫通风，减少浇水，避免雨淋。越冬温度保持在15℃左右，植株可以正常生长；低于5℃时，就要慢慢减少浇水，低于0℃，彻底断水，保持盆土干燥。繁殖方法可用叶插和砍头茎插。

萌点欣赏：

小巧迷你的莲座及叶片上的红尖尖是欣赏重点，美尼王妃晃是姬莲的杂交品种，因此从外形上看有极相似于姬莲的特点。

玉珠东云

景天科
拟石莲花属

Echeveria cv.J.C. Van Keppel

长什么样儿： 叶片肥厚，或用滚圆来形容更加确切，叶端稍向外弯曲，先端尖，叶色翠绿，在光照充足的情况下，叶尖和叶片边缘会泛出淡淡的橙黄色。易群生。

养护要点： 夏季高温时休眠，如果环境阴凉，稍有光照，也可以不休眠，也不必完全断水，只要比生长期少浇一点儿水即可，但夏季的浇水时间不要在正午和早晨，正午时温度最高，在强光的照射下，浸到根系的水温度很快会升高，在潮湿闷热的情况下，根系极易腐烂，早晨浇水同理。夏季傍晚时分浇水是最合适不过的，傍晚时温度逐渐降低，经过一整夜的低温，到第二天早上，根系的水分已经蒸发掉，不会因根部闷热而导致烂根。冬季可耐0℃以上低温，低于这个温度要慢慢断水。繁殖方法主要用分株和砍头茎插。

红辉殿

景天科
拟石莲花属

Echeveria 'Spruce Oliver'

萌点欣赏： 叶片上火焰般的红色是欣赏重点。

长什么样儿： 叶片长卵形，极修长，排列紧密，先端尖，叶片上覆盖着短短的绒毛，叶色翠绿，叶尖粉红，当光照充足、温差加大后，叶尖和叶片背面会变成艳丽的红色，那种红色跟火焰蒂亚如出一辙。红辉殿易滋生侧枝，长成老桩后姿态更美。

养护要点： 夏季休眠，休眠期要移到阴凉通风处，减少浇水。越冬时可耐0℃左右低温，但在这种情况下要完全断水，盆土必须是干燥的。冬季环境温度如果在10℃左右，可以少量浇水，浇水时间宜选在正午。红辉殿的很多习性与锦晃星很相似，冬季几乎不生长，一旦因浇水过多，而使根系受冻，整个植株便会慢慢变软，直至化掉。繁殖方法可用茎插和分株。

橙梦露

景天科
拟石莲花属

Echeveria Monroe

长什么样儿： 叶片匙形，较厚实，叶片微微向内卷曲，出状态后，包裹得比较紧实，先端稍尖，叶色淡淡蓝绿，叶面覆满白粉，叶尖红，叶边和叶片背面淡淡橙色，光照充足、温差加大后，叶片会变成瑰丽的橙紫色或淡淡的玫瑰色。从外形上看，橙梦露与雪莲有几分相似，但雪莲的叶片比橙梦露更平直。出状态后，雪莲的颜色倾向于白，而橙梦露倾向于淡淡的玫瑰紫。橙梦露生长比较缓慢，也不容易群生。

养护要点： 夏季高温时休眠，此时要庇荫减水，保持环境通风良好。冬季可耐0℃以上低温，低于0℃要断水。如果缺少光照，橙梦露的姿态会非常普通，因此除了夏季适当庇荫外，其他时节都要接受充足的光照，没有光照就没有靓丽的橙紫色。繁殖方法主要是叶插或砍头茎插。

萌点欣赏：

高贵的姿态及通体的橙红色是品种特点，橙梦露这个名字刚好名如其"肉"。

39

广寒宫

景天科
拟石莲花属

Echeveria cante

长什么样儿：叶片圆匙形，先端尖，叶片比较薄，包裹得也不算紧实，但叶片上覆盖着一层厚厚的白粉，把原本淡绿色的叶片都变成了灰白色，在光照充足、温差加大的情况下，叶色会变成淡淡的橙紫色或蓝紫色，叶边紫红，广寒宫属于大型的多肉品种，随着植株的生长，莲座外围的叶片会干枯掉，但并不会妨碍植株正常生长。

养护要点：夏季休眠，休眠期要减水、庇荫，保持环境通风，为了避免植株叶片干枯得过多，可每周沿盆边浇水一次，水量使盆土微湿即可。越冬时可耐-5℃左右低温，但此时盆土必须是干燥的。环境温度在10℃以上时，植株可缓慢生长。繁殖方法主要用砍头茎插或分株，也可播种。

萌点欣赏：
叶片上厚厚的白粉及叶片妖娆的橙粉色是欣赏重点。

萌点欣赏：
姿态优美的莲座以及橙红色的叶片是植物特点。

紫罗兰女王
景天科
拟石莲花属

Echeveria 'violet Queen'

长什么样儿： 叶片长匙形，表面光滑，先端尖，叶片上有薄薄的白粉，叶色浅绿，在光照充足、温差加大的情况下，叶尖、叶边及叶片背面会变成淡淡的紫红色至橙红色，易群生。从外形看，紫罗兰女王与花雨夜的叶片形状很相似，但紫罗兰女王的叶片包裹更紧实，出状态后颜色更绚丽。

养护要点： 夏季高温休眠，休眠期要庇荫、减水，保持环境通风良好。在庇荫的条件下，植株很容易徒长，从而影响美好的形态，所以，夏季尽量少浇水，或接受适量的光照。紫罗兰女王是耐寒的品种，环境温度10℃以上可正常生长，低于0℃要慢慢减少浇水，在盆土干燥的情况下，植株可耐-5℃左右的低温。繁殖方法可用叶插或砍头茎插。

萌点欣赏：
叶边的波浪纹及淡粉色的
叶片是欣赏重点。

双子座

景天科
拟石莲花属

Echeveria Pollux

长什么样儿：叶片卵圆形，先端尖，叶边有波浪般的褶皱，叶色灰绿，叶面上覆盖着一层白粉，光照充足、温差加大后，叶色会变成淡粉色，从外形上看，如同被施了魔法变大的丽娜莲。易群生。

养护要点：夏季休眠，休眠期要庇荫减水，假如生长期每周浇水3次，那么此时每周浇水1次即可，要避免雨淋，要保持环境通风顺畅。越冬温度保持在10℃以上可正常生长。生长期要保证充足光照，否则植株叶片不聚拢，叶边的波浪会消失。繁殖方法主要用砍头茎插或分株。

鱿鱼
景天科
拟石莲花属

Echeveria lutea

长什么样儿： 叶片长梭形，先端尖，叶片两边向内卷曲呈半筒形，叶色深绿，在光照充足、温差加大的情况下，叶片边缘会泛出褐红色。易群生。

养护要点： 夏季高温时休眠，休眠期要移到阴凉之处，减少浇水，避免雨淋。越冬时温度最好保持在15℃以上，这样植株可以正常生长。叶片卷曲成半筒形是鱿鱼的特色，但这个特色需要充足的光照来维持，除了夏季庇荫，其他三季均需要良好光照。繁殖方法为砍头茎插或分株。

萌点欣赏：

两边向内卷曲的叶片是品种特点，也是欣赏重点。

腊牡丹
景天科
拟石莲花属

Echeveria agavoides×Sedum cuspidatum

长什么样儿： 叶片卵圆形，先端有个钝尖，叶面不平，叶片中心有条凹线，叶片小，莲座也非常迷你，叶色淡绿，光照充足、温差加大后，叶片会变成黄绿色，叶边粉红。极易群生。

养护要点： 可四季生长，没有明显的休眠期，但夏季紫外线强烈时，要适当庇荫，并减少浇水。其他季节保证充足光照，如果光照保证不了，那一定要减少浇水。因为腊牡丹的美好状态在于叶片的紧实和层层叠叠，徒长后植株状态不佳。繁殖方法主要用分株。

萌点欣赏：

对于腊牡丹，比起彼伏的大群生才是植物特色。

奥利维亚

景天科
拟石莲花属

Echeveria 'Olivia'

长什么样儿： 叶片长匙形，比较修长，先端尖，叶片背面有明显的龙骨，叶面光滑无粉，缺光时叶片翠绿色，叶尖偏橙黄色，光照充足、温差加大后，叶尖变红，叶片边缘出现红褐色的斑点，植株整体泛出淡淡的橙粉色，易群生。

养护要点： 夏季短暂休眠，休眠期要将植株移到阴凉通风处，减少浇水，或每周四次浇水以保证植株叶片不枯萎，浇水时间宜选在傍晚时分，冬季环境温度保持在10℃以上植株可以正常生长，最低温度最好不要底于0℃，奥利维亚对光照需求较多，缺光条件下植株通体会比较绿，因此除了夏季适当庇荫，其他时间都尽量接受充足光照。繁殖方法可用叶插或分株。

萌点欣赏：

叶片顶端的红色斑点是欣赏重点，但植物群生后的状态却更加多姿。

厚叶蓝鸟

景天科
拟石莲花属

Echeveria Blue Bird

长什么样儿： 叶片匙形，近似三角形，较厚实，先端有红尖，叶色蓝绿，叶片上覆满白粉，在白粉的掩映下，叶色近灰蓝，叶片基部宽，越往顶端越窄，叶片排列密实，而且莲座外围叶片宽大，越往内，越是新生的叶片越窄小。易群生。

养护要点： 夏季高温时休眠，此时要庇荫减水，保持环境通风良好，厚叶蓝鸟比较耐旱，只要在庇荫的环境下，一个月不浇水也不会干枯。越冬温度不要低于3℃，低于这个温度要断水，保持盆土干燥。繁殖方法主要是叶插和分株。

萌点欣赏：

　　灰蓝色的叶片及叶片上若隐若现的棱角是欣赏重点。

薄叶蓝鸟

景天科拟石莲花属
别名：蓝星石莲

Echeveria E.Blue Star

长什么样儿： 叶片长匙形，较修长，叶片薄，先端有长尖，叶片稍向内弯曲，叶面上覆盖着一层白粉，在光照充足、温差加大的情况下，叶尖和叶边会变成红色，植株也会更聚拢挺拔，易群生。

养护要点： 夏季高温期短暂休眠，如果环境阴凉通风，植株可不休眠，缓慢地生长。但此时要减少浇水，在光照不充足的条件下，水多会导致植株徒长。越冬温度保持在15℃左右可继续生长，低于5℃要慢慢断水。繁殖方法主要用叶插或分株。

萌点欣赏：

　　修长的薄薄叶片及叶片上的白粉是欣赏重点。

东云白蜡

景天科拟石莲花属

别名：白蜡

Echeveria agavoides Wax

长什么样儿： 叶片梭形，近长三角形，叶端尖，叶面平滑无粉，叶片呈翠绿色，光照充足、温差加大后，叶边泛出浅浅橙黄色。在东云系中，白蜡属于中小型品种，莲座不会长很大，养殖多年后会群生。

养护要点： 夏季短暂休眠，如果环境阴凉，也可不休眠，但正午光照强烈时要庇荫，否则会晒伤叶片，夏季减少浇水，在荫蔽的环境下浇水过多会引起植株徒长。越冬温度不可低于0℃，否则易发生冻伤。繁殖方法可用砍头茎插或分株。

萌点欣赏：

白蜡虽不如其他东云系品种大气，但通体的翠绿色却也别具一格。

黑门萨

景天科
拟石莲花属

Echeveria 'Mensa'

长什么样儿： 叶片长梭形，先端有长尖，叶片两侧向内微弯曲，光照充足时，叶片聚拢，包裹得非常紧实，光照不足时，叶片四散摊开。缺光时叶色灰绿，光照充足、温差加大后，叶色变成深红褐色，易群生。

养护要点： 夏季高温时短暂休眠，此时要庇荫减水，保持环境通风。越冬温度最好保持在10℃以上，这样植株可以正常生长，环境温度低于0℃时，要适当断水，春秋冬三季要保证充足光照。繁殖方法可用砍头茎插和分株。

萌点欣赏：

叶片的深褐红色是欣赏重点。

萌点欣赏：
翡翠色的叶片和叶片边缘的红边是植株特点。

花之鹤
景天科
石莲花属

Echeveria pallida prince

长什么样儿：叶片卵圆形，叶片两边向内弯曲，但每片叶子的弯曲度却不相同，叶面光滑无粉，叶片颜色如翡翠般翠绿，虽不如很多叶色靓丽的多肉那么绚丽，但花之鹤非常清新，叶边粉红，莲座较大，属于大型多肉，易群生。

养护要点：四季都可以生长，没有明显的休眠期，但夏季要适当庇荫，以防强光晒伤叶片，越冬温度不可低于3℃，如果温度过低要减少浇水或断水。除了夏季适当庇荫外，其他季节都要保证充足的光照，这样可使叶片更厚实饱满，叶缘的红边更靓丽。繁殖方法主要用分株或砍头茎插。

萌点欣赏：
如果你喜欢静夜、露娜莲，那也一定会青睐荷叶莲，因为它们实在是太相像了，在诸多的园艺品种中，与几个品相正的植株长相相似，让人傻傻分不清楚也是一种特点吧。

荷叶莲
景天科拟石莲花属
别名：雪域

Echeveria Deresina E.derenbergii ×E.elegans 'Potosina'

长什么样儿： 叶片圆匙形，叶边圆滑，先端尖，叶色淡绿至灰绿，叶片微微泛白，叶尖红，光照充足、温差加大后，叶边会变成粉红色，叶片也更加聚拢，荷叶莲的外形与露娜莲非常相似，如果说区别，那便是露娜莲出状态后莲座更聚拢些。荷叶莲易群生。

养护要点： 四季都可正常生长，只是夏季高温时生长缓慢些，但夏季要适当庇荫并减少浇水。越冬时温度保持在10℃以上便可正常生长，春秋冬三季都需要充足光照，植株才能更美。荷叶莲属于中小型多肉品种，不易长太大。繁殖方法可用叶插和分株。

织锦 景天科拟石莲花属
别名：彼岸花

Echeveria Californica Queen

长什么样儿：叶片近三角形，叶片平，叶背鼓起，叶片淡绿色，中间有若隐若现的白色斑纹，光照充足、温差加大后，叶片更聚拢，叶尖更红。

养护要点：夏季高温时短暂休眠，如果环境阴凉也可不休眠，但夏季要减少浇水，避免植株因水量过多而徒长。冬季温度不低于3℃便不需警惕冻伤，若环境温度保持在12℃以上，植株可正常生长。除了夏季，其他季节都要保证充足光照。繁殖方法主要是叶插或分株。

萌点欣赏：

淡淡翡翠绿的叶色加上叶边的红线非常靓丽，虽然很像月光女神，却比女神更加小清新。

艾格尼斯玫瑰 景天科 拟石莲花属

Echeveria Tramuntana

长什么样儿：叶片卵圆形，先端尖，叶片比较迷你，使包裹起来的株型小巧精致，叶色翠绿，叶尖和叶边红艳，从外形上看，艾格尼斯玫瑰与红化妆很相似，只是比红化妆的株型更紧凑和小巧。植株易滋生侧芽。

养护要点：夏季高温时会休眠，休眠期要将植株移到阴凉通风处，减少浇水，且要避免雨淋。越冬时温度最好保持在10℃以上，这样植株可正常生长。除了夏季适当庇荫，其他三季要保证充足光照。繁殖方法可用叶插和分株。

萌点欣赏：

紧凑圆润的株型使艾格尼斯玫瑰很有小巧之感，加之叶片全缘的红色，更让艾格尼斯玫瑰虽无玫瑰之实，却有玫瑰之形。

子持白莲 景天科拟石莲花属

别名：帕米尔玫瑰

Echeveria prolifica

长什么样儿： 叶片短匙形，较厚实，先端尖，叶片光滑，表面覆盖着一层薄粉，叶片白绿色，光照充足、温差大时叶尖和叶边变成粉红色，易滋生侧枝，侧枝很长，枝端生长着更小的莲座，虽然叫法很容易让人联想到与子持莲华有亲缘关系，但它们确实没什么联系，子持白莲虽易滋生侧枝，但侧枝却比子持莲华的茎坚挺很多，能够向上生长，而非匍匐在盆中。

养护要点： 度夏越冬都不难，夏季没有明显休眠期，但要庇荫减水，且要保持环境通风良好，冬季温度不低于10℃可正常生长。繁殖方法主要用叶插和茎插。

萌点欣赏：

　　既然是"子持"，很容易想到壮观的情景，母株旁边滋生出很多茎，上面长着小的莲座，爆盆后欣赏更佳。

钢叶莲 景天科 拟石莲花属

Echeveria subrigida

长什么样儿： 叶片卵形，中间厚，叶缘薄，叶片中间凹陷，两边向内对折，叶边微微波浪形，叶片蓝绿色，叶面光滑覆薄粉，叶边微红，植株易长大。

养护要点： 夏季有短暂休眠期，休眠期时要减水庇荫，保证环境通风良好，但不能完全放在庇荫环境中，否则植株徒长厉害，再恢复不到完美的状态。越冬时温度不可低于0℃，低于这个温度要断水，否则易发生冻伤。除了夏季适当庇荫外，其他时候都要保证充足光照，只有光照充足条件下植株姿态才美。繁殖方法可用分株或砍头茎插。

萌点欣赏：

　　株型宽大，叶片形状奇特是品种特色。

萌点欣赏：
淡淡的黄绿色叶片加上叶尖和叶片的浅粉红色，充分显现出群月冠是多肉中的一枚小清新萌物。

群月冠 景天科拟石莲花属
别名：阿兰塔

Echeveria GUNGEKKAN

长什么样儿： 叶片圆匙形，先端有个很小的尖，叶背有明显的龙骨，叶面光滑，覆薄粉，光照充足、温差加大后，叶尖和叶边会变成淡淡的粉红色。易群生。

养护要点： 可四季生长，没有特别明显的休眠期。但度夏时要适当庇荫，并减少浇水，保持通风良好，越冬时温度不宜低于0℃，如果环境温度在15℃左右，植株可继续生长。除了夏季适当庇荫，其他季节必须接受充足光照。繁殖方法可用叶插或分株。

萌点欣赏：

不管是缺光时的淡淡黄绿色，还是光照充足下显现出的淡淡橙黄色，都是碧桃的品种特色。

碧桃 景天科拟石莲花属

别名：鸡蛋玉莲

Echeveria 'Peach Pride'

长什么样儿： 叶片卵圆形，近圆形，叶边圆滑，先端有个短尖，叶片稍稍向内卷曲，叶色蓝绿，光照充足、温差加大后，叶片会变成淡淡的黄绿色或橙黄色，叶边和叶背会变成粉红色。植株易木质化。

养护要点： 四季均可生长，但夏季要适当庇荫，减少浇水，但一点儿不接受光照，会使植株徒长厉害，变形到根本认不出它是碧桃。因此除了正午光照最强烈时庇荫，上午和下午要适当接受光照。越冬时温度在10℃以上植株正常生长，低于3℃要慢慢断水，警惕冻伤。春秋两季要接受充足光照。繁殖方法主要是分株、叶插。

雨燕座

景天科拟石莲花属

别名：天燕座

Echeveria Apus

长什么样儿： 叶片剑形，先端稍尖，叶色淡绿，叶面上覆盖一层薄粉，叶尖和叶边紫红色。如果叶片宽一些，与月光女神很相像；如果叶片短小一些，则与女雏很像，也许这正是雨燕座的特点。品种易滋生侧芽。

养护要点： 夏季高温时会短暂休眠，如果环境阴凉也可不休眠，但要减少浇水，而且避免雨淋，淋雨后植株很容易黑腐。越冬温度最好保持在15℃左右，低于5℃要慢慢减少浇水，或完全断水，除了盛夏，其他时间都要保证充足光照。繁殖方法可用叶插或分株。

萌点欣赏：

　　修长的叶片，嫣红的叶边，非常有迷你月光女神或加大版女雏的即视感。

蒙恰卡

景天科拟石莲花属

别名：魔爪

Echeveria cuspidate Menchaca

长什么样儿： 叶片长卵形，但上部近三角形，先端有急尖，叶尖向内弯曲生长，叶色蓝绿，叶面上覆一层白粉，在白粉的掩映下，叶色偏灰白或蓝白，叶尖褐红色，光照充足时，叶片颜色变成淡淡橙红色。

养护要点： 四季均可生长，但夏季要适当庇荫，并保持环境通风良好，尤其避免盆土积水和雨淋，一旦发现叶片有黑腐迹象，可把黑腐的叶片掰掉，有些植株可正常生长，但也有些植株会死亡。越冬时温度最好保持在10℃以上，除了夏季适当庇荫，其他三季都要保证充足光照。繁殖可用茎插和分株。

萌点欣赏：

　　厚实的蓝白色叶片和向内弯曲的红黑色叶尖都是蒙恰卡的品种特色。

新圣骑兵

景天科拟石莲花属

别名：胜者骑兵

Echeveria Victor Reiter

长什么样儿：叶片长匙形，极其修长，叶端有长尖，叶片向内稍微卷曲，叶色暗绿，光照充足、温差加大后，叶色会变成紫红色。新圣骑兵的叶色与罗密欧很像，只是叶片比罗密欧修长。品种易群生。

养护要点：夏季高温时会短暂休眠，休眠期需减水，稍庇荫，越冬温度不低于5℃便不必担心冻伤。其他季节正常管理，但要保证充足光照，否则植株颜色不佳。繁殖方法可用叶插或分株。

萌点欣赏：

修长嫣红的叶片是品种特色。

玉杯东云

景天科
拟石莲花属

Echeveria x gilva 'Gilva'

长什么样儿：叶片卵圆形，较为扁平，叶片光滑无粉，先端有个细小的尖，叶色翠绿或淡绿，叶背微微泛橙黄色，易滋生侧芽。

养护要点：夏季短暂休眠，休眠期庇荫减水，保证环境通风，最重要的是要避免雨淋，植株接触雨水后很容易发生黑腐，接着会被介壳虫侵袭。越冬时温度最好保持在10℃以上，低于这个温度要警惕冻伤。其他季节要保证充足光照。繁殖方法可用分株或叶插。

萌点欣赏：

虽是东云系萌物，却没有那般霸气的外形和妖艳的色彩，玉杯东云算是东云系中的小清新。

萌点欣赏：大气的株型加上龙骨般的三角叶片，使得苯巴蒂斯成为较有特色的多肉之一。

苯巴蒂斯 景天科 拟石莲花属

Echeveria Ben Badis

长什么样儿： 叶片卵圆三角形，叶背有龙骨，叶端有长尖，叶面光滑，叶色淡绿或翠绿，光照充足、温差加大后，叶尖和叶片背面会泛出微微粉红色。品种易滋生侧芽。

养护要点： 像其他的拟石莲花属多肉一样，夏季高温时，苯巴蒂斯会短暂休眠，如果在阴凉处露养，植株也可不休眠。但夏季要避免雨淋，避免阳光直晒。越冬温度保持在15℃左右，植株可正常生长，春秋季要接受充足光照。繁殖方法可用叶插或分株。

佛兰克

景天科
拟石莲花属

Echeveria agavoides Frank Reinelt

长什么样儿： 叶片长卵形，较厚实，先端有长尖，叶面光滑无粉，叶色淡绿，叶尖红，光照充足、温差加大后，叶片会变成鲜艳的粉红色或紫红色，越是外围的老叶片颜色越鲜艳。

养护要点： 夏季高温时会休眠，休眠期要减水庇荫，保持环境通风，越冬温度保持在10℃以上，植株可正常生长，低于0℃要断水保暖。繁殖方法可用叶插或砍头茎插。

萌点欣赏： 翠绿的新叶和殷红的老叶，构成了"红配绿"中最赏心悦目的景色。

卡罗拉
景天科
拟石莲花属

Echeveria colorata

长什么样儿：叶片匙形，较厚实，先端有长尖，叶片稍微向内卷曲，叶色翠绿，叶尖红，光照充足、温差加大后，叶尖和叶边会变成紫红色。

养护要点：夏季高温时植株休眠，休眠期要庇荫减水、保持环境通风，且避免雨淋，越冬温度保持在15℃，植株正常生长，低于5℃要警惕冻伤。春秋两季要保证充足光照，否则颜色不艳丽。繁殖方法可用砍头茎插。

萌点欣赏：

向内微微勾起的红叶尖是品种特点，虽然与吉娃莲很相似，但观赏价值却要高很多。

紫心
景天科拟石莲花属

别名：粉色回忆

Echeveria cv.Rezry

长什么样儿：紫心叶片短匙形，叶端微尖，叶片比较光滑，有薄薄的白粉，叶片不是很规则，大小不一，甚至有些形状也不一样。缺光时叶色泛绿，光照充足、温差加大后，全株叶色变成粉红色至紫红色。易木质化和群生。如果修理得当，长成姿态优雅的老桩则欣赏价值更高。

养护要点：养护没难度，度夏记得庇荫、通风，如果能露养，可正常浇水，植株亦可正常生长。越冬温度不低于10℃。繁殖方法可用叶插或茎插，叶插成活率很高。

萌点欣赏：

不管是神秘魅惑的紫红色还是可爱暖心的粉红色，这些萌萌的颜色都是紫心的迷人之处。

七福美妮

景天科
拟石莲花属

Echeveria sitifukumiama

长什么样儿：叶片长匙形，先端尖，外形虽与七福神很像，但不管株型还是颜色都要比七福神大气、靓丽很多，在光照充足、温差加大的情况下，七福美妮更加聚拢、紧凑，叶尖和叶边更加艳丽。易滋生侧芽。

养护要点：度夏时要移至阴凉通风处，减少浇水次数，发现外围叶片干瘪时，可沿着盆边浇一些水。越冬时温度最好保持在10℃以上，不耐5℃以下的低温。繁殖可用叶插和茎插。

萌点欣赏：

　　具有透明质感的蓝绿叶片，被浓郁的粉红叶边包裹，大气的姿态和靓丽的颜色是七福美妮的特点。

密叶莲

景天科拟石莲花属
别名：达利

Sedeveria Darley Dale

长什么样儿：叶片长匙形，但比通常意义上的长匙形更加修长，叶端稍尖，叶背有明显的龙骨，缺光时叶片深绿色，叶边和叶尖红色，光照充足、温差加大时，叶片向内聚拢，叶色变成橙黄色至紫红色，容易群生。

养护要点：度夏时庇荫，减少浇水，冬季温度不低于0℃便不会发生冻伤。繁殖方法主要是叶插和砍头茎插。

萌点欣赏：

　　比其他拟石莲花更加紧凑的莲座是密叶莲的特点，橙黄色的叶片也比较动人。

冰莓

景天科拟石莲花属

别名：冰莓月影

Echeveria Rasberry ice

长什么样儿：叶片卵圆形，中间厚，边缘极薄，会有透明感，先端有个小尖，两边叶片微微向内包裹，叶面上覆一层薄粉，叶色淡绿，光照充足、温差加大后叶色会变成橙粉色或桃粉色。品种易滋生侧芽。

养护要点：四季均可生长，无明显休眠期，但夏季要适当庇荫，保持环境通风，减少浇水。入冬后环境温度保持在15℃左右，低于0℃要断水，警惕冻伤。除了夏季适当庇荫，其他时间都要保证充足光照。繁殖方法可用叶插或分株。

萌点欣赏：修长的叶尖和叶背艳丽的紫红色是品种特色。

相府莲
景天科
拟石莲花属

Echeveria agavoides var.prolifera

长什么样儿： 叶片长三角形，先端极尖，叶色淡绿或翠绿，光照充足、温差加大后，叶背和叶尖会变成艳丽的紫红色。

养护要点： 夏季高温时短暂休眠，休眠期要庇荫减水，保持良好的通风环境。冬季可耐-3℃低温，如果想要植株正常生长，需保证环境温度在15℃左右，春秋冬三季保证充足光照。繁殖可用砍头茎插。

爱斯诺

景天科拟石莲花属

别名：艾斯诺

Echeveria Sierra

长什么样儿：叶片匙形，先端有短尖，叶背有龙骨，叶色蓝绿，叶面上覆薄粉，叶边和叶尖紫红，叶片包裹紧实，莲座较为迷你。品种易滋生侧芽。

养护要点：夏季高温时短暂休眠，休眠期要庇荫，减少浇水，冬季温度在15℃左右植株可正常生长，低于0℃要警惕冻伤。繁殖方法可用叶插或分株。

萌点欣赏：

蓝绿色的叶片具有别样光泽，加上叶片上薄薄的白粉就构成了品种特色。

红爪

景天科
拟石莲花属

Echeveria mexensis ZALAGOSA

长什么样儿：叶片匙形，先端有个长尖，叶片并不特别厚实，但光照充足时，叶片会包裹得很紧实，叶面覆薄粉，叶色淡绿，叶尖红。

养护要点：可四季生长，但夏季需要放到阴凉通风的地方，并减少浇水。越冬时温度不宜低于2℃，低于这个温度要断水，温度保持在10℃左右，品种可正常生长。除了夏季适当庇荫，其他季节保证充足光照。繁殖方法可用叶插和分株。

萌点欣赏：

淡绿色的叶片和红红的叶尖是品种特色。

舞会红裙
景天科
拟石莲花属

Echeveria 'Dick Wright'

长什么样儿： 叶片近圆形，叶缘波浪状，叶片较高砂之翁算是比较厚的，叶色深绿，在光照充足、温差加大的情况下，叶色会变成艳丽的紫红色，叶面上覆薄粉。品种易木质化。

养护要点： 夏季高温时短暂休眠，要适当减少浇水，上午和下午接受光照，正午光照最强时庇荫，越冬温度不宜低于0℃，环境温度在10℃左右时，品种可正常生长。除了夏季正午庇荫，其他季节都要接受充足光照，否则植株颜色不美。繁殖方法可用叶插和茎插。

萌点欣赏：

艳丽的粉红色叶片及波浪形的叶缘是品种特色。

白闪冠
景天科
拟石莲花属

Echeveria cv. Bombycina

长什么样儿： 白闪冠叶片长匙形，叶边向内微微聚拢，叶面上覆盖着浓密的白色绒毛，叶尖红褐色，在光照充足的情况下，叶尖颜色会加深，反之颜色减淡。易生长。

养护要点： 如果温度适宜，白闪冠一般不会休眠，度夏时放在阴凉通风处，减少浇水，避免阳光直晒。冬季0℃以上可缓慢生长。繁殖可用叶插和茎插。

萌点欣赏：

叶面上毛茸茸的白色绒毛。

萌点欣赏：
如红宝石般
璀璨艳丽的色泽
是欣赏重点。

红宝石

景天科
拟石莲花属

Sedeveria pink ruby

长什么样儿： 叶片长匙形，较细长，先端微尖，叶片呈莲花状排列密实、整齐，叶片表面光滑无粉，缺光时叶色深绿，叶尖和叶背暗红色，光照充足、温差大时，全株更加聚拢，叶色粉红至紫红，外形非常靓丽，尤其是群生的植株，美到无与伦比。

养护要点： 养护比较简单，度夏时庇荫，要放到通风良好的地方，浇水不宜多，越冬温度不宜低于10℃。繁殖方法主要是叶插和砍头茎插，叶插苗群生的概率很大。

萌点欣赏：
　　超级迷你的株型及红叶边、红叶尖、红龙骨都是品种特色。

酥皮鸭
景天科
拟石莲花属

Echeveria supia

长什么样儿 叶片卵形，叶端尖，叶背有龙骨，叶面光滑无粉，叶色翠绿，光照充足、温差加大后，叶边、叶尖及叶背龙骨会变成红色。易木质化和滋生侧芽。

养护要点 夏季高温时短暂休眠，休眠期要庇荫减水，保持环境通风，越冬温度最好保持在15℃左右，低于5℃要慢慢减少浇水至断水。酥皮鸭属于小型多肉植物，不会长很大，滋生侧枝后，很多迷你莲座并生，此时的欣赏价值最高。繁殖可用茎插或叶插。

沙漠之星

景天科
拟石莲花属

Echeveria Desert Star

长什么样儿： 叶片圆匙形，先端尖，叶边有波浪状的小褶皱，叶片粉蓝色，叶面上覆薄粉，光照充足、温差加大后莲座包裹紧实，叶色会变成粉紫色。

养护要点： 夏季高温时短暂休眠，但如果环境阴凉通风良好，品种可不休眠。夏季要适当庇荫，减少浇水。越冬时温度不宜低于0℃，否则易发生冻伤。除了夏季庇荫，其他三季都要保证充足光照。繁殖可用叶插或砍头茎插。

萌点欣赏：

叶片边缘的小波浪褶皱和粉蓝色的叶片是品种特色。

月光女神

景天科
拟石莲花属

Echeveria Moon Gad varnish

长什么样儿： 叶片修长匙形，先端有长尖，叶边比较薄，叶面覆薄粉，叶色淡绿，叶边和叶尖红，叶片有光泽，株型较规整。品种不易滋生侧芽。

养护要点： 没有明显休眠期，可四季生长，但夏季要适当庇荫，保持环境通风良好，相比较很多拟石莲花属的多肉，月光女神算是比较皮实的，不易滋生病虫害。越冬时温度保持在15℃左右可正常生长，低于0℃要警惕冻伤。繁殖方法可用叶插或砍头茎插。

萌点欣赏：

嫣红的叶边及具有光泽的叶片是品种特色，虽然与花月夜很像，但养出状态的月光女神却更有高大上的高贵范儿。

65

小蓝衣

景天科
拟石莲花属

Echeveria setosa v.deminuta

长什么样儿： 叶片卵圆形，极修长，先端尖，叶尖和叶边有稀疏的长绒毛，叶色灰蓝，光照充足时，叶尖会泛出淡淡的紫红色，易群生。

养护要点： 度夏时会休眠，要放在阴凉通风处，少浇水，冬季0℃以上可不必担心冻伤，但低于0℃后则要慢慢减水。繁殖方法主要是叶插和茎插。

萌点欣赏：

　　暗淡的灰蓝色使小蓝衣颇有深沉稳重的绅士风范，若是群生出满满一盆，那观赏价值则更高。

玫瑰莲

景天科
拟石莲花属

Echeveria Derosa

长什么样儿： 叶片匙形，先端尖，叶背有明显的龙骨，叶片表面比较光滑，叶边和叶背有短小绒毛，叶色蓝绿，叶尖和叶片背面深红色。品种易滋生侧芽。

养护要点： 夏季高温时短暂休眠，此时要控水庇荫，保证环境通风良好，如果环境足够阴凉可正常浇水，越冬时温度应保持在15℃左右，如果低于-2℃，则要断水。繁殖方法可用叶插和分株。

萌点欣赏：

　　棱角分明的叶片及叶片上的小绒毛是品种特色。

萌点欣赏：
　　霸气的青玉底色，紫黑色叶尖，颗粒状纹饰，这些特点只有乌木具有，所以它毫无疑问地拥有帝王之相。

乌木

景天科
拟石莲花属

Echeveria agavoides 'Ebony'

长什么样儿： 叶片广卵形，几近三角卵形，叶尖修长，叶片光滑，出了状态的乌木叶片呈透明的黄绿色，叶尖黑紫色，叶片边缘有黑紫色的颗粒纹饰，叶片基部聚拢，叶端稍向外散开，株型较大，有非常强的视觉冲击力。市场上的乌木鱼龙混杂，但相同点都是价格很高，而且还分原始种和杂交品种，但稍微有点儿拉丁名常识便会看出来，乌木本来就是个杂交品种，真身市场上没有。虽然模样具有王者风范，但昂贵的价格还是让人望而生畏，个人觉得还是应该欣赏高手养的，别贪图新奇品种而砸银子，尤其是多肉新手。

养护要点： 乌木霸气的样貌是在长期充足光照下养成的，即便是夏季，在保证通风、凉爽的前提下，依旧要让乌木接受光照。繁殖方法是叶插和茎插。

67

萌点欣赏：
稍带珠光的暗红叶色，很有宝石的光泽。

小玉 景天科拟石莲花属

别名：特里尔宝石

Cremnosedum 'little gem'

长什么样儿： 莲座迷你，叶片三角卵形，有叶尖，叶色淡绿或翠绿，茎干细弱，不能直立生长，老桩匍匐生长，光照充足、温差大时，叶片会变成红褐色或紫褐色，且捎带金属颗粒色，易群生。栽种小玉最好选择宽口花盆，可以避免群生后经常换盆。

养护要点： 夏季适当庇荫、减水，保证环境通风良好，冬季温度低于0℃要慢慢断水。繁殖方法主要是茎插。

海琳娜

景天科
拟石莲花属

Echeveria elegans 'hyaliana'

长什么样儿： 叶片长匙形，先端有修长的尖，叶片中间厚实，边缘薄，叶尖向外翻出，缺光时叶色泛绿，莲座松散，毫无美感，光照充足、温差大时，莲座会变得紧凑聚拢，叶色变成淡淡的棕黄色，叶边接近透明，非常美丽动人，尤其是从莲座顶端俯视时，叶片排列得非常规则，从上看呈现出一个个小小的三角形，这种排列比较奇特，会让人过目不忘。

养护要点： 度夏有点儿难度，并不是说容易挂掉，而是容易摊大饼，被养得面目全非，夏季既要庇荫、通风，还要减水，对海琳娜而言，还要给予一些光照，当然，如果你能始终如一，不嫌弃它变丑的容颜，可以不顾及这点，先安全度夏再说。繁殖方法可用叶插和茎插。

萌点欣赏：
俯视时，规则紧凑的莲座很美，规则得仿佛不是生长出来的，而是模具制作的。

雨滴

景天科
拟石莲花属

Echeveria Rain Drips

长什么样儿：叶片圆匙形，叶端有短尖，叶色淡绿，叶缘微粉红，光照充足、温差加大后叶色会变成紫红色，叶面上有凸出的疣状物，疣状物处于叶面正中，约有叶片二分之一大小，叶面上疣状物上都具一层薄薄的白粉。不易滋生侧芽。

养护要点：夏季高温时植株会进入休眠状态，此时要庇荫减水，保证环境通风，在休眠时莲座外围的叶片很容易干枯，但这并不碍事，等它自然脱落即可。越冬时温度最好保持在10℃以上，低于5℃时要慢慢减少浇水。春秋季保证充足光照，叶片才会显现出美丽的颜色。繁殖方法可用叶插和砍头茎插。

萌点欣赏：

粉红的叶片及叶面上凸出的疣状物是品种特色，如果你已经习惯了圆润的叶片和靓丽的叶色是多肉植物的主要萌点，那叶片上凸出的疣状物可能会使你感到有些不自在，然而这在多肉植物中是确实存在着的，它们的特殊样貌让我们更容易记住。

初恋

景天科
拟石莲花属

Echeveria cv.Huthspinke

长什么样儿：初恋叶片长匙形，较单薄，但莲座能长很大，叶端尖，叶片两侧向内拢起，叶背有明显的龙骨。缺光时，叶片颜色呈暗淡的绿色，光照充足、温差大时，叶色会变成粉紫色、粉橙色，且叶片聚拢更加紧凑。易木质化和群生。

养护要点：初恋度夏并不困难，但要适当庇荫、通风和减水，发现叶片有一些干瘪也没关系，天气凉爽后，浇上水叶片就会变饱满。繁殖方法主要是叶插和砍头茎插。

萌点欣赏：

你心中的初恋是紫色的、粉色的，还是淡淡的橙色？初恋就是这么多姿多彩，这些多变的颜色已经打动你的心了吧。

露娜莲

景天科
拟石莲花属

Echeveria Lola

长什么样儿：叶片卵圆形，非常规整，叶边光滑圆润，叶尖与叶边浑然一体，非常有流线型的视觉感受，看过很多先端尖的多肉植物，只有露娜莲的叶尖看起来那么顺畅自然。叶色淡绿，叶面覆薄粉，光照充足、温差大时显现出迷人的紫红色。不易滋生侧芽。

养护要点：夏季高温时会休眠，休眠期要保证通风庇荫，减少浇水，冬季不低于10℃，可正常生长，繁殖方法主要是叶插和茎插。

萌点欣赏：

圆润的叶边、细腻的叶尖，露娜莲完全是一种娇羞的状态。

静夜

景天科
拟石莲花属

Echeveria derenbergii

长什么样儿：叶片卵圆形，近三角形，叶背有龙骨，叶端有红尖，叶色翠绿，静夜的株型很小，但莲座包裹得比较紧凑结实。易群生和木质化。

养护要点：夏季高温时会休眠，要移至庇荫通风处，减少浇水的次数和水量，越冬没有困难，只要环境温度不低于0℃，便不会发生冻伤。春秋冬三季都要保证充足光照，否则产生不了萌萌的姿态。繁殖方法主要是茎插和叶插，叶插苗成活率很高，但叶插苗生长比较缓慢。

萌点欣赏：

如果冻般晶莹的迷你莲座，不管是嫩绿的叶色还是红红的叶尖，静夜就是萌萌哒代名词。

萌点欣赏：

厚实及紫红的叶片是品种特色，有时叶片上会显现出殷红的血斑，看起来瑰丽且神秘。

旭鹤
景天科
拟石莲花属

Graptoveria BAINESII

长什么样儿： 叶片圆卵形，叶端稍尖，叶片厚实多肉，叶片两边稍微向内卷曲，叶背有凸出的龙骨，从外形上看与初恋有些相似，但叶片没有初恋长，却比初恋要厚实很多，叶色通常为蓝紫色或粉蓝色，在光照充足、温差加大后叶色会变成淡淡的紫红色。品种易滋生侧芽。

养护要点： 没有明显的休眠期，夏季需要适当庇荫，保证环境通风，适当减少浇水，不怕雨淋，但要避免盆中积水，夏季处在阴湿环境中易使植株徒长，为了避免这一点，要尽量少浇水。越冬温度若低于10℃，植株会生长缓慢，低于5℃时，植株进入半休眠期。春秋季为主要生长季，此时要保证充足光照。繁殖可用叶插和茎插。

萌点欣赏：

小巧的莲座，红红的叶边带着涂满蔻丹的修长指甲，女雏有百分之二百的萝莉范儿。

女雏
景天科
拟石莲花属

Echeveria mebina

长什么样儿： 叶片长匙形，修长，有叶尖，莲座较小，但容易滋生侧枝，光照充足、温差大时，莲座紧凑，叶边和叶尖呈紫红色，平时叶色为淡绿色，养出状态后，叶色会变成黄绿色或接近透明的黄白色，观赏价值极高。

养护要点： 没有明显的休眠期，但夏季要适当庇荫，要保证环境通风，并减少浇水，如果发现女雏叶片平长，有摊大饼的趋势，则要适当增加光照，只要正午光照最强时避光即可。繁殖方法主要是叶插和茎插。

七福神 景天科 拟石莲花属

Echeveria secunda

长什么样儿：叶片长匙形，先端尖，叶边稍稍向内聚拢，叶面光滑覆薄粉，叶色蓝绿，光照充足时，叶尖微微泛红，生长较缓慢。易群生。

养护要点：夏季高温时要移至阴凉通风处，减少浇水，越冬温度要保持在5℃以上。繁殖方法用茎插、分株。

萌点欣赏：

　　精巧的小型莲座搭配终年蓝绿的叶色很是可爱，群生后更加漂亮。

红化妆 景天科 拟石莲花属

Echeveria cv Victor

长什么样儿：叶片长卵形，先端尖，叶色翠绿至深绿，叶尖和叶边粉红，在光照充足、温差加大时，叶色会变成橙黄色，莲座更加聚拢，状态更美。易木质化和滋生侧枝。

养护要点：度夏、越冬都不难，夏季适当庇荫，稍微减少一些浇水量。如果植株茎干还未木质化，注意不要淋雨，如果植株放在背阴的地方，要少浇一点儿水，多水会徒长，冬季温度不低于0℃。繁殖方法主要用叶插和茎插。

萌点欣赏：

　　橙黄色的叶片和全缘的红边非常美，如描唇的美人，是普货中不可多得的大美女。

鲁氏石莲

景天科
拟石莲花属

Echeveria runyonii

长什么样儿： 叶片圆匙形，叶边光滑，叶端微尖，叶面上覆盖着薄薄的白粉，叶色灰蓝，光照充足、温差加大时，叶色会变成粉蓝色或灰粉色。在少水、温差大、光照足的情况下，莲座会包裹紧实，叶色靓丽，作为普货中的精品，鲁氏石莲的样貌绝对是上品。

养护要点： 度夏时要将植株移到阴凉通风处，如果环境良好植株可不休眠，但需减少浇水，在半阴的环境中，多水会引起植株徒长，越冬时只要环境温度不低于0℃，就可不用担心植株被冻伤，当环境温度保持在10℃以上时，品种可缓慢生长。除了夏季适当庇荫，其他三季都需保持充足的光照。繁殖方法可用叶插或砍头茎插。

萌点欣赏：

　　鲁氏石莲的莲座很有雍容大气的感觉，厚实圆润的叶片加上亦灰亦粉的叶色便构成了鲁氏石莲的美貌。

红稚莲
景天科
拟石莲花属

Echeveria macdougallii

长什么样儿： 叶片长匙形，先端稍尖，叶面光滑无粉，叶背有凸起的龙骨，叶片翠绿色或深绿色，光照充足、温差加大后，叶尖和叶片上端会变成紫红色，叶片也会变成淡绿中泛白的颜色。易木质化和群生。

养护要点： 夏季高温时要移至阴凉通风处，减少浇水，冬季0℃以下要减少浇水或断水，红稚莲在生长过程中，随着新叶的滋生，莲座外围的叶片会干枯脱落，这属于正常现象，除了夏季日照强烈时遮阴，其他时节都要全日照。繁殖方法主要是叶插和茎插。

萌点欣赏： 顾名思义，红稚莲因其叶片的紫红色而闻名，故这靓丽的颜色是欣赏重点。

萌点欣赏：

玉蝶的美好，在于群生，在于老桩，所以慢慢等，岁月静好是玉蝶给人的启示。

玉蝶
景天科
拟石莲花属

Echeveria secunda var.glauca

长什么样儿： 叶片卵圆形，叶边圆滑，有红尖，叶片薄，两侧向内微微包拢，叶面上有薄粉，叶色翠绿或灰绿，易木质化和滋生侧芽，单头的玉蝶模样标致，但失了一点儿特色，待群生后就大不一样了。植株的水分充足时，叶片较开阔些，如果想让莲座聚拢，适当断水就能达到目的。

养护要点： 如果环境阴凉通风，玉蝶夏季可不休眠。但防止其摊大饼，必须要少浇水，或者在上午和下午光照不强时让其接受光照。春季进入夏季、夏季进入秋季这两个时间段，玉蝶易生介壳虫，要想防治，可在春末夏初和夏末秋初时喷一些介壳灵。繁殖方法叶插和茎插均可。

久米之舞
景天科
拟石莲花属

Echeveria spectabilis

长什么样儿：叶片匙形，两边向内弯曲，使得叶片中间有一条明显的沟，叶色翠绿，光照充足、温差加大后，叶边会变成艳丽的紫红色。品种易滋生侧枝。

养护要点：夏季高温时休眠，此时要减少浇水，保持环境通风良好，使植株处在散射光下，以免强光晒伤叶片，越冬时可耐0℃以上低温，低于0℃要慢慢断水，当环境温度保持在10℃以上时，品种可缓慢生长，除了夏季，其他季节都要给予充足光照。繁殖多用叶插或茎插。

萌点欣赏：

翡翠色叶片加上紫红色的叶边是品种的欣赏重点。

黑王子
景天科
拟石莲花属

Echeveria 'Black Prince'

长什么样儿：叶片长匙形，先端尖，莲座越大叶片越修长，叶面光滑无粉，光照充足时，叶色是红褐色或黑色，光照不足时，叶色呈深绿色。易滋生侧芽。黑王子是多肉中为数很少的叶色会变黑的品种，这个品种生长不算快，而且一旦光照强度和时长跟不上，也不会呈现出光泽尽显的黑色，所以光照对黑王子极其重要。

养护要点：夏季要适当庇荫，保证环境通风好，在庇荫的情况下要尽量少浇水，以免植株徒长厉害。越冬温度不可低于5℃，低于这个温度后，要慢慢减少浇水。繁殖方法主要是叶插和茎插。

萌点欣赏：

如黑珍珠般黑亮的光泽是欣赏重点。

丽娜莲
景天科
拟石莲花属

Echeveria lilacina

长什么样儿： 叶片卵圆形，先端尖，在叶片顶部有个明显的波浪弯曲，叶边几近透明，叶色灰蓝色至灰紫色，叶面上覆盖着一层白粉，光照充足、温差加大时，叶色会变成淡粉紫色，叶边变成淡淡的粉红色。丽娜莲属大型莲花，莲座能长很大。

养护要点： 丽娜莲没有明显的休眠期，度夏要注意庇荫通风，适当减少浇水，冬季温度保持在0℃以上便不会发生冻伤，也有丽娜莲耐0℃以下低温的记录，但低于0℃后就要慢慢断水了。繁殖方法主要是叶插和茎插，但叶插出苗率不高。

萌点欣赏：

弯弯的美人尖是丽娜莲的特点，更是欣赏重点。

蓝石莲
景天科拟石莲花属
别名：皮氏石莲

Echeveria peacockii

长什么样儿： 叶片长匙形，先端有尖，叶边向内侧聚拢，叶片上覆盖一层白粉，叶色蓝紫，光照充足、温差加大时，叶色会变得更加粉紫，叶边和叶尖粉红。易滋生侧芽。

养护要点： 度夏不难，除了适当庇荫外，可正常浇水，冬季温度不低于0℃便不会发生冻伤。繁殖方法可用叶插和茎插。

萌点欣赏：

蓝紫色的叶片和微微泛红的叶尖及叶边煞是迷人。

萌点欣赏：

神秘朦胧的淡粉色是红粉佳人的招牌萌点，不管是缺光时的绿中泛粉，还是光照充足后的淡淡紫粉、淡淡橘粉，红粉佳人的粉都是欣赏重点。

红粉佳人

景天科
拟石莲花属

Echeveria Pretty in pink

长什么样儿： 红粉佳人叶片匙形，比较厚实，莲座最里层的小叶更像三角形，叶端有小尖尖，缺光时，看上去与白牡丹很像，但区分点在于叶尖，红粉佳人的叶尖要比白牡丹更加明显。出状态后，叶色开始由淡淡的粉紫色渐变为粉橘色，在向光时，极具通透感，很像橘子果冻，让人忍不住想咬上一口。红粉佳人易群生。

养护要点： 度夏时要移到阴凉通风处，慢慢减少浇水，其他三季正常养护。冬季温度不可低于5℃。繁殖方法叶插、茎插均可，叶插繁殖率超高。

萌点欣赏：

粉红至褐红色的叶片是品种特色，之所以被叫玫瑰夫人，就是因为它如玫瑰一般迷人的色泽特别吸引人。

玫瑰夫人

景天科
拟石莲花属

长什么样儿：叶片长匙形，叶顶微微呈现出三角状，先端尖，叶缘光滑，叶面覆盖着薄薄一层白粉，叶色深绿或蓝绿，光照充足、温差加大后，叶片会呈现出粉红色或靓丽的褐红色。紧致的莲座加上艳丽的色泽，使得玫瑰夫人样貌出众。

养护要点：全年无明显休眠期，夏季也可以缓慢生长，但需要将植株移到阴凉通风处，适当给予光照，正午时分庇荫，减少浇水，玫瑰夫人不怕雨淋，也不怕大水，但需要环境特别通风。越冬时可耐0℃以上低温，环境温度保持在15℃左右时，植株可缓慢生长。繁殖可用叶插或茎插。

巧克力方砖

景天科
拟石莲花属

Echeveria Melaco

长什么样儿： 巧克力方砖叶片圆匙形，叶端微尖，叶片两侧向内卷起，叶片表面光滑无粉，叶色深褐，缺少光照时，叶色泛绿，欣赏价值大大降低。巧克力方砖从莲座上看，与厚叶旭鹤有些相像，是迷你版的旭鹤，但叶色要比旭鹤深很多。巧克力方砖易木质化，易群生。

养护要点： 养护简单，夏季没有明显休眠期，但在高温时要遮阴并适量减水，避免植株徒长厉害。繁殖方法主要是叶插或茎插。

萌点欣赏：

　　厚实的巧克力色叶片，似一块块浓郁诱人的巧克力，是名副其实的多肉品种。

吉娃莲

景天科拟石莲花属
别名：吉娃娃

Echeveria chihuaensis

长什么样儿： 叶片长卵形，先端尖，叶尖很修长，叶色翠绿，叶面上覆薄粉，叶片非常聚拢。

养护要点： 美好的状态应该是叶片层层叠叠包裹在一起，如果发现叶片向周围散开长了，一是缺光，二是浇水多了，从这两方面控制，姿态能一直美美哒。夏季高温时会休眠，要将植株放在阴凉通风处，尽量少浇水，如果发现叶片发皱，可沿盆边稍微给水，等进入秋凉季节，再慢慢增加浇水量。春秋冬三季要保证全日照，光照不佳会使植株姿态不好。繁殖方法主要是叶插和茎插。

萌点欣赏：

　　饱满的叶片，匀称的莲座，修长的叶尖，这些优良基因构成了吉娃莲美丽的模样，狗狗中萌物吉娃娃，多肉中萌物非吉娃莲莫属了。

月亮仙子

景天科
拟石莲花属

Echeveria Moon Fairy

长什么样儿： 叶片长匙形，叶背有凸起的龙骨，先端尖，叶色蓝绿，叶面上覆盖着薄薄的白粉，叶片边缘较薄，呈现出一种透明感，莲座不易变色，在光照充足、温差加大的情况下，叶尖及叶边会微微呈现出浅粉色。

养护要点： 全年无明显休眠期，夏季需要适当庇荫减水，保持良好的通风环境，由于夏季浇水少，莲座底部的叶片会变干枯，不用过于担心，这属于正常现象。越冬时可耐短时的0℃以上低温，环境温度在15℃左右时，植株可缓慢生长。繁殖可用叶插、茎插。

萌点欣赏：

　　稍带透明感的蓝白叶色是品种萌点所在。

米 纳 斯

景天科
拟石莲花属

Echeveria Minas

长什么样儿： 叶片长匙形，先端极尖，叶片薄，叶边有波浪般的小褶皱，叶色深绿，叶边紫红，光照充足、温差加大后，叶面及叶背都会变成淡淡的粉红色。

养护要点： 全年无明显的休眠期，但夏季高温时，要将植株移到庇荫通风处，适当减少浇水，且避免雨淋，越冬时可耐0℃以上低温，但在此温度环境中要断水，当环境温度保持在15℃左右时，植株可缓慢生长。繁殖可用叶插或茎插。

萌点欣赏：

　　叶边的小波浪褶皱及紫红的叶片是品种特色。

萌点欣赏：
端庄的株型及粉红色的叶片是品种特色。

菲欧娜
景天科
拟石莲花属

Echeveria Fiona

长什么样儿： 从外形上看，菲欧娜与猎户座极相似，叶片都是匙形，叶端尖，叶边粉红色，但菲欧娜的叶片有个向内弯曲的弧度，而且叶端微微向外翻，这是区分其与猎户座的不同点。光照充足、温差加大后，菲欧娜的叶色会变成浪漫的橘粉色。

养护要点： 夏季高温时可不休眠，但需要给植株庇荫减水，并保持良好的通风环境，夏季浇水过多，会使植株徒长，叶片拉长且变薄，破坏莲座美好的状态，所以夏季浇水需要特别慎重，否则徒长的菲欧娜终生都将与美貌无缘。越冬时可耐3℃以上低温，环境温度保持在15℃以上植株可正常生长。繁殖方法有叶插或分株。

晚霞

景天科
拟石莲花属

Echeveria Afterglow

长什么样儿： 叶片卵圆形，先端尖，叶片中间有折痕，叶片薄，叶边更薄，通常情况下，叶色呈紫绿色，叶边粉红，光照充足、温差加大后，叶色呈现出魅惑的紫红色，如晚霞般绚丽多彩，叶边也会出现微微的褶皱。

养护要点： 夏季高温时会休眠，此时要庇荫减水，保持良好的通风环境，如果发现叶片过于干瘪，可沿盆边给植株少量水。越冬时最好不要低于3℃，当环境温度保持在10℃以上时，植株可缓慢生长。繁殖方法有茎插或分株。

莎莎女王
景天科
拟石莲花属

Echeveria Sasa

长什么样儿： 叶片圆匙形，先端尖，叶面上覆盖着一层薄薄的白粉，叶边薄且光滑，叶色淡绿，稍有透明感，光照充足、温差加大后，叶边及叶尖会变成通透的橙粉色。

养护要点： 夏季高温时休眠，此时要将植株移到阴凉通风处，适当减少浇水，以免植株徒长，越冬时可耐3℃左右低温，环境温度在15℃左右时，植株可缓慢生长。繁殖方法为叶插或茎插。

萌点欣赏：

叶片上的薄粉和橙红色的叶片是品种特色。

红色公爵
景天科
拟石莲花属

长什么样儿： 叶片卵圆形，叶边有如波浪般的褶皱，叶面上覆盖着一层薄薄的白粉，叶色淡绿或黄绿，光照充足、温差加大后，叶色会呈现出靓丽的紫红色。

养护要点： 夏季高温时，进入休眠状态，此时要庇荫减水，保持环境通风良好。越冬时，温度不宜低于3℃，处于此温度条件下，要及时断水，当环境温度在10℃以上时，植株可缓慢生长。繁殖方法可用叶插与茎插。

萌点欣赏：

如朝霞般绚丽的叶色及大波浪形的叶边褶皱是品种特色。

青丽 景天科 景天属

长什么样儿：叶片长圆形，较厚实，先端尖，据传是黄丽的园艺品种，但外貌却与黄丽不太一样，倒是与千佛手有点儿像，不同点是青丽的叶片背面有龙骨，叶色翠绿色或灰绿色，光照充足、温差大时，叶边呈现出淡淡的灰褐色。

养护要点：青丽没有明显的休眠期，夏季适当庇荫、减水，其他季节正常养护，青丽生长缓慢。繁殖方法主要是叶插和茎插。

萌点欣赏：

多肉常以色示人，美好的颜色是多肉的亮点，但也有与众不同的，青丽便是其中之一，很有点儿小家碧玉的矜持感。

黄丽 景天科 景天属

Sedum adolphii

长什么样儿：叶片卵圆形，厚实，叶背有龙骨，叶面光滑，先端尖，叶色黄绿，光照充足、温差加大时，叶片会变成橙黄色，叶边和叶背微微粉红。黄丽的莲座并不紧凑，叶片比较分散。易木质化，易滋生侧枝。

养护要点：没有明显的休眠期，夏季可以正常生长，但要适当庇荫，越冬时可耐0℃以上低温，低于这个温度要断水，如果光照过于强烈，黄丽的叶片容易被晒伤，所以夏季光照最强时要庇荫遮光，但过于庇荫会导致植株徒长，可正午时遮光，其他时间接受光照。繁殖方法可用叶插或茎插。

萌点欣赏：

金黄色的蜡质叶片，使得黄丽虽是常见品种，但却美感十足。

萌点欣赏：

白绿相间的叶色及修长指甲般的叶形使得姬吹雪样貌清丽，尤其是群生后欣赏价值更高。

姬吹雪
景天科景天属
别名：白佛甲

Sedum lineare variegatum

长什么样儿： 姬吹雪有修长的茎干，嫩茎淡绿色，叶片对生于茎干周围，叶片针形，较薄，叶片中间绿色，周围白色，植株幼时直立生长，随着茎干的长长会悬垂生长，易群生。初听姬吹雪这个名字，以为是何方萌物，万万没想到是佛甲草的斑锦品种，多肉植物的命名有些是按照科属归类来的官方命名，还有很大一部分园艺品种，是花友自己命名的，还有一部分是培育地传来的音译名。

养护要点： 姬吹雪四季生长，夏季不会休眠，但要适当庇荫，并减少浇水。冬季可耐0℃以上低温，低于0℃时要断水。植株本身生长得就不缓慢，盆中栽上一两棵，过一年半载时间就可以爆出满满一盆，既可以单独栽培也可以与其他多肉混栽。繁殖方法主要是茎插。

萌点欣赏：
墨绿色的椭圆形叶片如小巧的翡翠珠，变成棕红色后又如玛瑙，贵气十足。

群毛豆

景天科景天属
别名：玉莲

Sedum furfaceeum

长什么样儿： 从外形上看与绿龟之卵很相像，不同的是，群毛豆的叶片更圆，少有棱角，叶面上覆盖着一层如棉絮般的短绒毛，叶色墨绿至灰绿，光照充足、温差加大后，叶色会变成褐红的玛瑙色。易木质化和群生。

养护要点： 夏季休眠，要庇荫减水，并保持环境通风。春秋冬三季生长，冬季时耐0℃以上低温，低于0℃时要减少浇水。繁殖方法主要用茎插。

90

罗琦

景天科
景天属

长什么样儿： 叶片呈厚实的卵圆形，先端尖，叶片很小，但排列紧密，叶色淡绿或黄绿，在光照充足、温差大的情况下，叶色会变成橙黄果冻色。茎干灰褐色，比较粗壮。从外形上看，罗琦与劳尔有些相像，但比劳尔的莲座更小、更迷你，劳尔的叶色偏绿，无论怎么晒，怎么拉大温差，颜色也没有罗琦那般艳丽。

养护要点： 夏季不会休眠，但要适当庇荫，保持环境通风良好，减少浇水次数，浇水时间最好选在早晚凉爽时。越冬温度最好不要低于5℃，低过这个温度要断水。其他季节正常管理。尤其是春秋季时，要尽量让其在室外接受充足光照，光照不足，便不会出现靓丽的果冻色。繁殖方法主要用分枝茎插。

萌点欣赏：

紧凑的迷你莲座，加上萌萌的果冻色便是罗琦的特点。

漫画汤姆

景天科
景天属

sedum comic tom

长什么样儿： 叶片卵圆三角形，极厚实，叶端有个短小圆润的尖，叶色淡绿，叶片上覆盖着一层厚实的白粉，叶尖和叶边呈粉红色至橙红色。易长成老桩。

养护要点： 夏季高温时休眠，要移到阴凉通风处养护，尽量少浇水，发现叶片干瘪，可少量喷水，如果环境通风良好，植株也可以不休眠，接受少量日照，这样可以有效避免徒长。越冬时毫无压力，只要温度保持在5℃以上，便可不必担心冻伤。繁殖方法可用茎插或叶插。

萌点欣赏：

圆滚滚的叶片及红艳艳的叶尖和叶边是漫画汤姆的萌点。

姬白磷
景天科景天属
别名：风之天使

Sedum brevifolium quinquefarium

长什么样儿：茎干比较细弱，叶片卵圆形，很小，叶面上覆满白粉，叶片对生于茎干两侧，却不像新玉缀那样排列紧密，姬白磷的叶片排列不规则，茎顶端叶片密实。姬白磷茎干虽细弱，却是直立生长的，不易匍匐倒下。

养护要点：夏季休眠，要移到阴凉通风处，减少浇水，当发现叶片干瘪时，要沿着盆边少量给水，否则底部叶片易干瘪脱落。春秋冬三季生长，生长期要保证充足光照，否则株型拉长，叶片间距加大，影响植株美观。繁殖方法主要是茎插。

萌点欣赏：
　　小小的卵圆形叶片覆满白粉，很有新玉缀的风采，但因一层厚实的白粉，便多出了更多趣味性。

塔洛克
景天科景天属
别名：乔伊斯·塔洛克

Sedum 'joyce tulloch'

长什么样儿：叶片长匙形，上面覆满了短小的毫毛，先端稍尖，茎干直立，易滋生侧芽，叶色翠绿，光照充足、温差加大后，叶边和背面变成粉红色，夏季开花。

养护要点：夏季只要适当庇荫，保持环境通风良好，便不会休眠，但要避免浇大水，浇水后避免晒太阳。冬季10℃以上可正常生长，如果低于5℃，则要减少浇水或适当断水。繁殖方法主要用叶插和茎插。

萌点欣赏：
　　毛茸茸的叶片是塔洛克的萌点，而且这个品种超爱滋生侧芽，群生的植株颇为壮观。

萌点欣赏：
覆满短小白绒毛的翠绿叶片异常精巧，小巧是此品种的欣赏重点。

春上 景天科景天属
别名：椿上

Sedum hirsutum ssp.baeticum 'winkleri'

长什么样儿：叶片长匙形，厚实饱满，叶面上覆满短小的白色绒毛，叶色翠绿至淡绿。莲座小巧迷你，极易滋生侧枝。

养护要点：四季生长，没有明显休眠期，但夏季高温时生长迟缓，需要庇荫减水，并保持良好的通风环境。越冬时温度不可低于0℃，否则易发生冻伤，环境温度保持在10℃以上，植株可正常生长。春上的叶片上覆满小绒毛，这些绒毛易沾灰尘和飞絮等，一旦沾上很难去除干净，从而影响植株美观，所以春天飞絮多时，如果室外养殖，需要特别注意。繁殖方法主要是分株。

萌点欣赏：
叶片看似覆满绒毛，实际上只是比较有质感，叶片的红边也是特色之一。

克雷尔

景天科
景天属

Sedum cockerellii

长什么样儿： 叶片长卵形，叶端有个微微的钝尖，叶片比较修长，叶面上仿佛覆满绒毛，其实只是非常有质感，叶色深绿，光照充足、温差加大后，叶边会变成红色。品种易滋生侧芽。

养护要点： 夏季高温时会短暂休眠，休眠期要庇荫减水，保持环境通风良好，避免被雨水淋到。越冬温度保持在10℃左右植株就可以正常生长，低于-5℃要警惕冻伤。繁殖方法可用叶插或茎插。

大姬星美人 _{景天科 景天属}

Sedum dasyphyllum 'Lilac Mound'

长什么样儿：叶片卵圆形，上面有细小的绒毛，覆薄粉，茎干较软，多匍匐生长，与姬星美人相像，但比姬星美人莲座大，色彩也更加丰富，光照充足、温差大时，叶片变成淡淡的粉紫色。易滋生侧枝。

养护要点：养护方法与姬星美人相近，夏季为了防病虫害，可每隔两周浇一次多菌灵。繁殖方法主要是叶插和茎插。

萌点欣赏：

爆盆后，成片的粉紫色很有欣赏价值。

八千代 _{景天科 景天属}

Sedum corynephyllum

长什么样儿：八千代茎干细长，叶片圆棒形，叶面光滑，覆白粉，叶色鲜绿，光照充足时，圆形的叶端会呈现出淡粉色。易群生。

养护要点：八千代没有明显的休眠期，夏季适当遮阴，拉长浇水时间即可。繁殖方法可用叶插或茎插。

萌点欣赏：

淡粉色的圆形叶端。

劳尔
景天科
景天属

Sedum clavatum

长什么样儿：叶片卵圆形，极厚实，先端微尖，叶色淡绿，上面覆盖着一层厚厚的白粉，光照充足、温差加大后，叶尖和叶边会变成淡淡的橙黄色。植株易木质化。

养护要点：可四季生长，但夏季要适当庇荫，且保证环境通风良好，在高湿度的日子里可少浇水，干燥的日子里正常浇水。越冬时温度不宜低于0℃，如果环境温度在10℃左右，可正常管理。除了夏季适当庇荫，其他时节都要有充足光照，否则植株易徒长。繁殖可用叶插或茎插。

萌点欣赏：

卵圆形叶片上覆盖着白粉，在光照下会显现出珍珠般的光泽。

绿龟之卵
景天科
景天属

Sedum hernandezii

长什么样儿：茎干褐色，叶片圆棒形，对生，老叶片深绿色，嫩叶浅绿色，老叶上有白色的龟裂纹。品种易木质化和群生。

养护要点：夏季短暂休眠，休眠期要移到阴凉处，减少浇水，如果环境足够凉爽，植株可不休眠。冬季温度在10℃左右时，植株可缓慢生长，低于0℃要断水，整个冬天要保证充足光照。繁殖方法可用茎插。

萌点欣赏：

深绿色的滚圆叶片很像是挂满枝条的糖豆豆，尤其当植株群生后，观赏价值更高。

景天属

萌点欣赏：全株的褐红色和植株带有的微微香气是品种特色。

红霜
景天科
景天属

Sedum spathulifolium Carnea

长什么样儿： 嫩茎粉红色，叶片卵圆形，叶边比较平滑，叶片褐红色。植株会散发出淡淡的香气，易群生。

养护要点： 夏季高温时休眠，此时要庇荫，减少浇水，保持环境通风，由于红霜的茎比较嫩，在高温的情况下，浇水过多易烂，但不浇水又会干死，所以夏季浇水比较有学问，要选在相对凉爽的早晚时间，最好用浸盆的方法，只使植株根系吸收到水分。越冬时温度不宜低于5℃，否则易发生冻伤。繁殖主要用茎插。

春之奇迹
景天科景天属
别名：薄毛万年草

Echeveria Sierra

长什么样儿：叶片圆匙形，先端有个钝尖，叶片比较厚实，叶面上覆满白绒毛，叶色浅绿，光照充足、温差加大后，叶色变成粉红色。品种易滋生侧枝。

养护要点：夏季高温时短暂休眠，此时要庇荫减水，如果水多，则要保证一些光照，否则植株易徒长，失去本来的面貌。越冬温度不宜低于5℃，低于这个温度要断水，否则易发生冻伤。除了夏季适当庇荫，其他时间都要保证充足光照。繁殖方法可用叶插或茎插。

萌点欣赏：

毛茸茸的粉红色叶片是品种特色，尤其是群生后，欣赏价值更高。

信东尼
景天科景天属
别名：毛叶蓝景天

Sedum hintonii

长什么样儿：叶片广卵形，叶缘圆滑无尖，叶色淡绿，上面布满白色的绒毛。因品种满布绒毛所以易积灰尘，管理时要特别注意，浇水时不要浇到叶片上，否则叶片易出现褐黄色斑块。品种易群生。

养护要点：夏季高温时休眠，此时要断水，庇荫，保持环境通风良好。冬季环境温度不可低于10℃，否则要减少浇水，低于0℃要断水。春秋季保持充足光照，但正午时要庇荫50%。繁殖方法可用砍头茎插和分株。

萌点欣赏：

叶片上密布的白色长绒毛是品种特色，比熊童子白锦更像白熊。

婴儿手指 景天科
景天属

Sedum Baby Finger

长什么样儿：叶片圆锤形，两端细、中间粗，叶片比较圆润短小，胖嘟嘟很可爱，叶色蓝绿，光照充足、温差加大后，叶色会变成粉红色。品种易群生。

养护要点：没有明显休眠期，但夏季高温时需要适当庇荫，如果天气湿热，要减少浇水，且避免雨淋。越冬时温度不宜低于-4℃，低于0℃就要断水，除了夏季正午需要庇荫，其他时间都要保证充足光照。繁殖方法可用叶插、茎插或分株。

萌点欣赏：

叶片圆润短小，叶色粉嫩，很像小婴儿的娇嫩手指。

新玉缀 景天科
景天属

Sedum burrito

长什么样儿：叶片卵圆形，先端圆滚，没有叶尖，叶面上覆盖着一层白粉，叶色翠绿，光照充足后，叶色会变成深绿色或暗绿色。易群生和木质化。

养护要点：夏季高温时会休眠，要移至阴凉通风处，减少浇水，冬季耐0℃以上低温。繁殖方法主要是叶插和茎插。

萌点欣赏：

新玉缀的叶片比玉缀更圆滚可爱，仿佛一串串翠绿的宝石项链，绝对是垂挂植物中的新宠。

玉缀 景天科 景天属

Sedum morganianum

长什么样儿： 茎干绿色，叶片密生于茎干周围，叶片披针形，叶色黄绿，稍透明，叶面上覆盖一层白粉，随着叶片的增多，茎干会被压得匍匐生长。易群生和木质化，如果适当造型，植株会更具观赏价值。

养护要点： 夏季高温时会休眠，此时要适当庇荫，保证良好的通风，减少浇水，冬季温度低于0℃时要减少浇水，警惕冻伤。繁殖方法主要是茎插和叶插，叶插成功率极高，但幼苗生长速度较缓慢。

萌点欣赏：

  弯曲的小叶片如迷你香蕉，穿成串儿便成了非常形象的"玉串"，作为垂挂植物点缀居室，既简洁又清丽高雅。

蒂亚 景天科景天属

别名：绿焰

Sedeveria Letizia

长什么样儿： 叶片近三角形，叶端有短尖，叶片背面有龙骨，叶边有短小的毛刺，叶片翠绿色，边缘和叶尖微红，叶片稍聚拢，光照充足、温差加大后，全株叶片都会变成鲜艳的红色，如火焰一般。

养护要点： 在阴凉、通风的环境中，夏季不休眠，但夏季要减少浇水，否则很容易徒长摊大饼，其他季节一定要接受充足光照。很多花友买回红红火火的蒂亚，养一段时间后，却发现颜色越变越绿了，主要是光照强度和时长不够，所以，要想让蒂亚焕发出迷人的火红必须保证充足的光照。繁殖方法主要是叶插和茎插。

萌点欣赏：

  如火焰般的蒂亚红色热烈，蒂亚在此，一切红色的多肉都不敢出头了。

萌点欣赏：

　　带香味的多肉有没有，当然有，那就是凝脂莲，它既有珠圆玉润的即视感，又有暗香浮动，所以招来的热爱是不是更多了呢？

凝脂莲

景天科景天属

长什么样儿： 叶片卵圆形，相当的圆滚厚实，叶端有小尖，叶片表面光滑，覆薄粉，叶色翠绿，光照充足、温差加大时，叶色会变成淡淡的黄绿色，有透明感，易滋生侧芽和木质化。凝脂莲的特别之处在于太阳晒过后，会发出淡淡的香味，所以，也有人叫它"香石莲"。

养护要点： 夏季庇荫，减水或断水，不要被雨水淋到，冬季环境温度不要低于0℃，否则易冻伤或冻死。繁殖方法主要是叶插和茎插。

艾伦
景天科
景天属

长什么样儿： 叶片卵圆形，非常厚实，叶色浅粉，光照充足、温差加大后，叶色会变成粉红色，不论是从样貌还是颜色，艾伦都与桃之卵极其相似，但艾伦叶片正面比较扁平，不如桃之卵更圆润。

养护要点： 四季都可以生长，没有明显的休眠期。但夏季高温时，要适当庇荫，发现叶片干瘪时，稍微浇一些水，冬季要放在光照充足的地方，尽量使环境温度保持在10℃以上，其他两季正常管理，保证光照充足。繁殖方法主要用叶插或分株茎插。

萌点欣赏：

　　粉红的叶片，圆滚滚的样貌甚是可爱，此乃艾伦的特色。

球松
景天科景天属
别名：小松绿

Sedum multiceps

长什么样儿： 球松的叶片近似针形，密密地簇生在茎干周围，叶色翠绿至深绿，茎干淡绿色，底部叶片容易干枯。球松是需要造型的多肉植物，好的造型会增加其观赏价值。

养护要点： 在闷热的夏季会休眠，要移到阴凉通风处放置，每周沿着盆边浇一点儿水，切勿浇大水，易使植株烂根而死。冬季温度不低于10℃可缓慢生长。繁殖方法主要是茎插。

萌点欣赏：

　　如松树般葱郁苍翠的植株，不管摆在哪里，都会很元气十足，苍劲有力。

萌点欣赏：
叶片颜色是欣赏重点，铭月的叶色会由黄绿色变为金黄色，再转为橘红色，但这些都需要有充足的光照。

铭月
景天科景天属
别名：金景天

Sedum nussbaumerianum

长什么样儿：叶片宽披针形，先端尖，叶面光滑，叶色黄绿，在光照充足、温差加大时，叶色会变成金黄色或橘色。品种极易滋生侧芽。

养护要点：全年无明显的休眠期，夏季只要环境阴凉通风，植株便可缓慢生长，但注意要减少浇水，以免植株徒长厉害。越冬时温度不宜低于0℃，低于这个温度要警惕冻伤，当环境温度保持在10℃左右时，品种可缓慢生长。除了夏季适当庇荫，其他季节都要接受充足光照。繁殖方法有叶插、茎插等。

103

萌点欣赏：
虹之玉的叶片像极了古代的石榴石或红玛瑙水滴形耳坠，可能故此被称为耳坠草。

虹之玉

景天科
景天属

Sedum rubrotinctum

长什么样儿：叶片肉质，长圆形，先端圆滚，叶面光滑，叶色翠绿，光照充足、温差加大后，叶片会变成紫红色。品种极易滋生侧芽。

养护要点：全年没有明显休眠期，度夏时，最好将植株放在阴凉通风处，适当减少浇水。越冬时，可耐-3℃左右低温，环境温度保持在10℃以上时，品种可正常生长。除了夏季适当庇荫，其他季节都要保持充足光照。繁殖方法可用叶插或茎插。

萌点欣赏：
　　叶片上白绿相间的纹路是品种特色。

虹之玉锦 景天科 景天属

Sedum rubrotinctum cv. 'Aurora'

长什么样儿： 叶片肉质，长圆形，从外形上看，与虹之玉相似，但叶片上有白色的斑纹，光照充足、温差加大后，叶色会变成粉红色，没有变粉红色的部分会变成白绿色。品种易滋生侧枝。

养护要点： 全年无明显休眠期，度夏时庇荫减水，保持环境通风良好，越冬时环境温度最好保持在10℃以上，这样植株可正常生长。繁殖方法有叶插和茎插。

薄化妆
景天科
景天属

Sedum palmeri

长什么样儿： 叶片长卵形，先端稍尖，叶边有微小的锯齿，叶面上覆盖着一层薄薄的白粉，叶色翠绿，光照充足、温差加大后，叶边会变成粉红色。

养护要点： 夏季高温时将植株移到阴凉通风处，适当减少浇水，如果环境阴凉，植株不会休眠，可继续生长。越冬时，温度最好保持在15℃左右，这样植株能正常生长。繁殖可用叶插和砍侧枝茎插。

萌点欣赏：

薄薄的蓝绿色叶片及变色后的粉红色是品种特色。

乙女心
景天科
景天属

Sedum pachyphyllum

长什么样儿： 叶片圆柱形，先端圆润，叶片肥厚，叶色翠绿，叶面上覆盖着一层薄薄的白粉，光照充足、温差加大时，叶色会转成粉橘色。品种易滋生侧芽。

养护要点： 夏季高温时会休眠，此时要庇荫减水，保持环境通风良好，如果环境阴凉，植株也可不休眠。越冬时，温度不宜低于0℃，一旦低于这个温度要及时断水，环境温度在15℃左右时，植株可正常生长。繁殖可用叶插或茎插。

萌点欣赏：

橘粉色的柱形叶片是品种的欣赏重点。

姬星美人
景天科
景天属

Sedum dasyphyllum

长什么样儿： 叶片卵圆形，很小，叶片上有细小的绒毛，叶色灰绿，易滋生侧枝。姬星美人的茎干很软，不能直立生长，多是匍匐在盆中，所以适合选用盆口较宽阔的花盆，而且透气、透水性一定要好，因为爆盆后的姬星美人易因根系密不透风而滋生病虫害。

养护要点： 度夏不难，但要放在庇荫通风处，减少浇水。繁殖方法叶插、茎插均可。

萌点欣赏：

爆盆后层层叠叠的小植株很壮观，特别适合与其他茎干较高的多肉配盆栽培。

千佛手
景天科景天属
别名：王玉珠帘

Sedum sediforme

长什么样儿： 叶片棒形，先端尖，叶面上有明显的不规则棱，叶色翡翠绿或淡绿，叶面覆盖着薄薄的白粉，光照充足、温差加大后，叶尖会变成淡淡的橘黄色。品种易滋生侧芽。

养护要点： 千佛手是普货中非常皮实的品种，几乎不拘养护环境，度夏时适当庇荫，减少浇水，保证环境通风良好，植株便可正常生长，越冬时可耐-5℃左右低温，但处在这个温度时，必须要断水，当环境温度处在10℃以上时，植株可缓慢生长。繁殖可用叶插或茎插。

萌点欣赏：

修长的棒形叶片如手指一般，之所以叫千佛手也是由形态得来的。

景天三七

景天科景天属

别名：费菜

Sedum aizoon L

长什么样儿： 叶片长圆形，叶端有规则的锯齿，叶片稍肉质，叶色翠绿，茎顶丛生伞状花序，花星形五瓣，黄色。品种极易丛生。

养护要点： 全年无明显休眠期，度夏时需适当庇荫减水，如果环境阴凉，可正常浇水，只要保证盆栽不涝即可，越冬时可耐−5℃左右低温，但此温度条件下要断水，环境温度在10℃左右时，植株可正常生长。繁殖方法有茎插和分株。

萌点欣赏：

星形的黄色小花密生于茎顶，开放时虽不绚烂，却清丽自然。

白霜

景天科
景天属

Sedum spathulifolium

长什么样儿： 白霜的莲座很小，叶片呈匙形，小叶片上覆盖着厚厚的白粉，很像撒满了霜糖，叫白霜估计也是由此而来。每年的冬春季节，莲座顶端会生长出花蕾，开黄色小花。白霜很容易群生。

养护要点： 白霜在夏季会休眠，即便通风好、温度低于30℃，也会缓慢停止生长，这时期要遮阴、断水、保持环境通风。冬季比较容易养护，只要温度不低于10℃都可以缓慢生长。繁殖可用茎插和分株。

萌点欣赏：

每个小叶片上覆盖厚厚的白粉。

萌点欣赏：
圆叶景天多做地皮植物，翠绿的镜面形叶片颇有光泽，尤其是群生后更加绿意油油；对于装点花园绿地有很大作用。

圆叶景天

Sedum sieboldii

景天科景天属

别名：打不死草

长什么样儿： 叶片圆卵形，对生，叶片光滑，叶色翠绿或深绿，光照充足时，叶色也会呈现出黄绿色，莲座包裹得更为紧致，由于圆叶景天的茎干比较柔软，所以多匍匐生长。品种极易群生。

养护要点： 夏季高温时会短暂休眠，此时要给植株庇荫，保持良好的通风环境，并适当减少浇水，在阴凉的露地环境中，植株可缓慢生长不休眠。此品种比较耐寒，越冬时可耐-5℃左右低温，环境温度在5℃以上时植株就可以缓慢生长。繁殖多为茎插。

萌点欣赏：
翠绿的三角形叶片和叶片上的薄粉是欣赏重点。

牵牛星

景天科
青锁龙属

Crassula rupestris

长什么样儿： 嫩茎淡绿色，老茎灰褐色，叶片对生于茎干两侧，叶片三角形，厚实，先端微尖，叶面上覆盖着一层薄粉，叶边泛白，在光照充足、温差加大时，叶边会变成淡黄色和淡橙黄色。易木质化和群生。

养护要点： 夏季休眠，要庇荫减水，保持环境通风，冬季温度10℃左右可继续生长，牵牛星与钱串、小米星等的养护方法几乎相同，都具有高温休眠、冷凉季节生长的特点。繁殖方法主要是茎插。

小天狗 景天科 青锁龙属

Crassula nudicaulis var herrei

长什么样儿：叶片圆锤形，叶端有个平滑的缓尖，叶片对生于茎干两侧，嫩茎淡绿色，下部老茎深褐色，叶片的边缘和叶背呈紫红色。小天狗极易滋生侧芽，群生速度快。

养护要点：夏季高温时休眠，休眠期要移至阴凉通风处，减少浇水，但发现植株叶片干瘪时，也要适当沿盆边给水，冬季环境温度不低于10℃植株可正常生长，生长期要充分给水，并保证充足光照。繁殖方法主要用茎插。

萌点欣赏：

如手指般的圆锤形叶片加上紫红的叶尖和叶边，很像涂抹了蔻丹的美女手指，这便是小天狗的萌点。

波尼亚 景天科青锁龙属

别名：小糖豆

Crassula browniana

长什么样儿：嫩茎翠绿色，光照充足时会变成粉红色，叶片几近圆形，对生，叶面上覆盖薄绒毛，叶色淡绿，易丛生。从外形上看更像是普通绿植而非多肉。

养护要点：夏季高温时休眠，要移到阴凉通风处，减少浇水，由于波尼亚生长快，茎干繁茂，夏季要特别注意通风，否则易患病虫害。冬季可耐3℃以上低温，10℃以上可正常生长。繁殖方法主要是分枝茎插。

萌点欣赏：

翠绿的圆形小叶片很像薄荷叶，但又具有多肉的质感，如绿植般葱郁，如多肉般可爱便是波尼亚的特色。

火星兔子

景天科
青锁龙属

Crassula ausensis ssp.titanopsis

长什么样儿：叶片是厚实的卵圆形，但不像拟石莲花的叶形，火星兔子的叶片直立，叶面和叶背都比较鼓，叶片灰绿色，上面密生着很多凸起的疣点，疣点分布均匀，实际上是一些白色的绒毛凸起，光照充足、温差加大后，叶色会变成粉红色。易群生。

养护要点：没有明显的休眠期，但夏季要适当庇荫，放在阴凉通风的环境中，尽量减少浇水，火星兔子比较耐旱。冬季温度10℃以上可正常生长，0℃以下需断水。繁殖方法主要是分株和播种。

萌点欣赏：

叶片上平均分布的、凸起、白色毛茸茸的疣点其特色。

月晕

景天科
青锁龙属

Crassula tomentosa

长什么样儿：叶片近似圆形，叶色深绿，叶面上覆满白色的绒毛，叶片对生，且对生的方向都比较一致，所以株型看上去比较扁平。品种易群生。

养护要点：夏季高温时短暂休眠，休眠期要减少浇水，保证环境通风良好，最好放在半阴的地方。越冬温度不可低于-2℃，整个冬季最好保证环境温度在5℃左右，冬季要放在朝南的地方，保证植株接受到充足光照。繁殖方法可用分株。

萌点欣赏：

叶片上毛茸茸的白色绒毛很可爱，而且两叶互相包裹的株型也很特别。

丛珊瑚
景天科
青锁龙属

Crassula Coralita

长什么样儿：叶片三角形，极其厚实，叶片两边向内弯曲，叶边平滑，叶面上覆盖着短的白色绒毛，叶色深绿，叶边粉红，叶片的模样与神刀相仿，但神刀叶片平直，丛珊瑚叶片弯曲。品种易滋生侧芽。

养护要点：夏季高温时休眠，此时要庇荫减水，保持环境通风，如果盆土过于干燥，可沿着盆边少量喷水。越冬时温度最好在10℃以上，低于0℃要断水。繁殖方法可用砍头茎插。

萌点欣赏：

厚实的三角形叶片和叶片上白色短绒毛是品种特色。

红稚儿
景天科
青锁龙属

Crassula pubescens subsp.radicans

长什么样儿：叶片卵圆形，叶面光滑无粉，叶缘非常平滑，光照不足时叶片翠绿色，光照充足、温差加大后，叶片全部变成深红色，花箭在茎顶生长，开白色团状的小花。品种易丛生。

养护要点：四季生长，无明显休眠期，但夏季正午时要适当庇荫，空气过于潮湿时减少浇水。越冬温度要保持在0℃以上，低于这个温度警惕冻伤，环境温度维持在10℃左右时植株可正常生长。四季均不能缺光照。繁殖方法可用叶插或茎插。

萌点欣赏：

小巧精致的红色叶片，加上成丛盛开的小白花，红稚儿可以说是普货中颜值较高的一个。

玉椿
景天科 青锁龙属

Crassula barklyi

长什么样儿：叶片卵形，向内包裹，叶片淡绿，很薄，一层层紧密包裹，使植株看起来像个圆柱形，在光照充足、温差加大后叶柱会显现出淡淡的褐黄色。品种易滋生侧芽。

养护要点：夏季高温时休眠，要将植株放在阴凉通风处，减水或断水，避免雨淋，越冬时温度保持在10℃以上植株可正常生长，春秋季时生长迅速，要保证充足光照，但避免强光直晒。繁殖方法可用分株。

萌点欣赏：

层层叠叠包裹得极其紧实的叶柱是品种特色，让你傻傻分不清哪里是叶，哪里是茎干，这便是玉椿。

天狗之舞
景天科 青锁龙属

Crassula dejecta

长什么样儿：细茎褐色，叶片光滑扁平，错落对生于茎干顶端，叶色翠绿，叶面上有不明显的微小疣状物，光照充足时，叶边会变成深红色。品种易滋生侧枝。

养护要点：夏季高温时休眠，此时要减少浇水，将植株移到阴凉通风处，并且避免雨淋，在阴凉的环境下，浇水过多会导致植株徒长厉害，所以能少浇水就要少浇。越冬时可耐0℃以上低温，10℃以上可以缓慢生长。繁殖方法主要为茎插。

萌点欣赏：

扁平光滑的叶片从侧面看如同锋利的刀子，但叶片周围的一圈深红色却给小天狗增添了妩媚之态。

十字星
景天科
青锁龙属

长什么样儿：叶片三角形，叶端尖，叶片比较薄，对生于茎干两边，叶缘有微小的锯齿，叶色翠绿，光照充足、温差加大后，叶边会变成紫红色。

养护要点：夏季高温时休眠，要将植株移到阴凉通风处，减少浇水，避免雨淋。越冬温度最好保持在10℃以上，这样植株可以正常生长，当环境温度低于0℃时，要慢慢减少浇水直至断水。繁殖方法主要为茎插。

萌点欣赏：
叶片上红、黄、绿相间的三色是品种特色。

三色花月锦
景天科
青锁龙属

Crassula argentea Tricolor Jade

长什么样儿： 叶片卵圆形，对生，叶面光滑无粉，叶端有个小尖，叶色由绿或黄（白）组成，叶边粉红色。品种易滋生侧枝。

养护要点： 夏季高温时需要将植株移到阴凉通风处，如果环境阴凉可不减少浇水，但幼株要避免雨淋，老株则没有忌讳。越冬温度不宜低于5℃，当环境温度在15℃以上时，品种可正常生长，需要注意的是，春季来临时，不可以让植株直接接受过强光照，否则会灼伤叶片，甚至危及盆栽生命。繁殖方法多用剪枝茎插。

筑波根 景天科
青锁龙属

Crassula schmidtii

长什么样儿： 叶片剑形，先端尖，叶边及叶面上覆盖着细小的白色绒毛，叶色灰绿，叶面上有褐色的小圆点，光照充足、温差加大时叶片会变成褐绿色，夏秋季开花，花朵钟形，粉红色。

养护要点： 全年无明显休眠期，夏季高温时要将植株移到阴凉通风处，减少浇水并避免雨淋，越冬温度不宜低于5℃，环境温度在15℃左右时，品种可正常生长。繁殖方法主要是分株茎插。

萌点欣赏：

　　褐绿色的修长叶片及粉红色的钟形小花是品种特色。

星王子 景天科
青锁龙属

Crassula conjuncta

长什么样儿： 叶片三角形，对生，叶缘有细小的锯齿，叶色深绿，叶面上覆盖着一层薄薄的白粉，光照充足、温差加大时，叶边会变成紫红色，叶片相较于十字星更厚实。

养护要点： 如大多数青锁龙属植物一样，星王子夏季高温时会休眠，此时要庇荫减水，保持环境通风良好，避免被雨水淋到。冬季环境温度在10℃以上时，植株可缓慢生长，环境温度低于0℃时，要慢慢减少浇水直至断水。繁殖方法主要是茎插。

萌点欣赏：

　　星王子是十字星的肥厚版，叶片更加肥厚饱满，更有萌态可掬的可爱模样。

玉树

景天科青锁龙属

别名：燕子掌

Crassula obliqua

长什么样儿：叶片卵圆形，对生，叶面光滑无粉，光照充足、温差加大时叶边会变成粉红色。品种易滋生侧枝，多年后会长成灌木状的小树。

养护要点：全年无明显的休眠期，夏季高温时需适当庇荫减水，保持环境通风良好，一般情况下，持续高温40℃左右品种才会休眠，这在北方城市几乎不会出现。越冬温度不宜低于5℃，环境温度在15℃以上时，品种可正常生长。繁殖方法多用茎插。

萌点欣赏：

玉树可以常年保持翠绿旺盛的模样，尤其是长大成灌木状后，是居室绿化的上佳品种。

 景天科
青锁龙属

Crassula hemisphaerica

长什么样儿：叶片半圆形，对生，叶片翠绿色，上面密布着很多细小的疣突，叶面光泽，叶缘周围生有白色的毫毛。

养护要点：夏季休眠，此时要将植株移到阴凉通风处，控制浇水，天气过于干燥时，可向植株喷雾。越冬温度不宜低于5℃，低于这个温度要断水，保持盆土干燥，当环境温度保持在15℃左右时，植株可正常生长。繁殖方法有分株和砍头茎插。

萌点欣赏：

半圆形的翠绿叶片所组成的规整莲座使巳极具辨识度，这也是植株的重要欣赏点。

钱串

景天科青锁龙属
别名：星乙女

Crassula rupestris ssp.marnierana

长什么样儿：钱串叶片呈圆三角形，对生在茎干两侧，从顶端看，很像古时的铜板，串联在细线上，叶片多数情况下浅绿至深绿色，叶边红色。

养护要点：度夏时要庇荫、减水，钱串在高温的夏季会休眠，休眠时放在通风处，其他三季正常养护。繁殖方法主要是砍头茎插。

萌点欣赏：

　　紧凑地对生于茎干两边的厚实叶片，很像古时的铜钱，以后没钱花时，剪两枝钱串去逛街。

若歌诗

景天科
青锁龙属

Crassula rogersii

长什么样儿：叶片椭圆至圆形，叶片表面覆盖着一层白色的短小绒毛，叶色深绿至黄绿，边缘红，光照充足、温差大时，叶片变成紫红色。容易木质化。

养护要点：度夏没难度，适当庇荫和减少浇水，越冬没难度，环境温度保持在0℃左右时，只要断水，亦不会发生冻伤。繁殖方法可用叶插和砍枝茎插。

萌点欣赏：

　　肉嘟嘟的叶片和红艳的叶色很美，还有，若歌诗——多么诗情画意的名字呀。

119

萌点欣赏：
一棵棵小植株好像是玲珑宝塔，不管放在哪个位置，都有点儿压倒性的气势哦。

茜之塔

景天科
青锁龙属

Crassula corymbulosa

长什么样儿： 叶片长三角形，厚实肉质，对生于茎干两侧，越靠近茎干基部，叶片会越大，越往上长叶片越小，叶色淡绿，光照充足时叶色会变得紫红，之所以叫茜之塔，是植株的模样有宝塔状，秋季开花，花生于茎干顶端、叶腋间，小花粉白色。植株易长大和群生。

养护要点： 夏季高温时会休眠，此时要通风减水，茜之塔群生后会比较密实，一定要注意通风，及时去除掉影响通风的新生枝条，越冬温度不可低于10℃，茜之塔比较不耐寒，低温加上浇水会给植株带来毁灭性伤害。繁殖方法可用分株，每年春季换盆时一并把幼小植株分割下扦插，成活率很高。

8 千绘
景天科
青锁龙属

Crassula Morgan's Beauty

长什么样儿: 叶片几近圆形, 肉质厚实, 中间厚, 边缘薄, 叶边光滑无锯齿, 叶面上覆盖着一层密密的白色短绒毛, 叶色淡绿, 叶片错位对生, 花箭自叶心中长出, 簇生粉色小花。

养护要点: 夏季高温时植株会休眠, 但如果环境阴凉通风, 植株也可以缓慢生长, 但需要适当减少浇水, 越冬时可耐5℃以上低温, 环境温度保持在15℃左右时, 品种可正常生长。繁殖多用叶插。

萌点欣赏:

毛茸茸的绿色叶片及粉红色簇生小花是品种欣赏重点。

绒针
景天科青锁龙属
别名: 银箭

Crassula mesembrianthoides subsp.hispida

长什么样儿: 叶片对生, 叶形如新月, 先端尖, 叶片厚实, 叶面长满白色的纤维毛, 叶色深绿, 光照充足、温差加大后, 叶色会变成橘黄色或粉橘色。品种易滋生侧芽。

养护要点: 度夏时需要庇荫减水, 并保持环境通风良好, 阴雨天要做好避雨措施。越冬温度不可低于5℃, 当温度保持在15℃左右时, 植株可正常生长。繁殖方法为砍侧枝茎插。

萌点欣赏:

新月形的叶片及橘粉色的叶色是绒针的欣赏重点。

筒叶花月

景天科
青锁龙属

Crassula argentea 'Gollum'

长什么样儿： 叶片柱形，顶部粗，基部细，叶端有不规则的横截面，有的截面较平齐，有的则向一侧倾斜，从外形看，挺像怪物史莱克的耳朵，光照充足时，截面边缘会出现紫红色的红晕。品种极易滋生侧枝。

养护要点： 夏季高温时需给植株庇荫减水，并保持环境通风良好，如果环境温度持续在35℃以上，需要给植株断水，越冬时可耐5℃以上低温，但处于这个温度时要给植株断水，当环境温度在15℃以上时，品种可缓慢生长。繁殖多用砍侧枝茎插。

萌点欣赏：

　　柱形的翠绿叶片及叶片紫红色的红晕是品种特色。

火祭

景天科青锁龙属
别名：秋火莲

Crassula capitella 'Campfire'

长什么样儿： 叶片肉质匙形，相较于石莲花属的多肉，火祭的叶片算是薄的，火祭的茎干肉质，叶片对生于茎干两侧，叶片绿色，光照充足、温差加大时叶色会变得火红，光照不足会容易徒长。植株易群生。

养护要点： 夏季不会休眠，但在正午光照强烈时要适当庇荫，夏季浇水要选在早或晚温度低的时刻。冬季也比较耐旱，0℃以上可安全越冬，低于这个温度时，要适当减水或断水。繁殖方法主要是茎插，成活率高。

萌点欣赏：

　　火红的颜色是火祭的欣赏重点。

天章锦 景天科 天锦章属

Adromischus trigynus

长什么样儿： 叶片卵圆形，厚实，叶边和叶面都非常平滑，叶片上有褐红色的斑点，并覆薄粉，叶片排列得比较紧密，易群生。

养护要点： 没有明显休眠期，但夏季要庇荫减水，如果植株在通风良好的室外养殖，那么减少浇水都没必要。越冬温度最好保持在10℃以上，这样植株能正常生长，但浇水要选在温暖的午后，冬季温度低于3℃要断水。除了夏季适当庇荫，其他时间都保持充足光照。繁殖方法主要是茎插、叶插和分株。

萌点欣赏：

平滑的叶边、叶面和叶面上褐红色的斑点是欣赏重点。

小叶天章 景天科 天锦章属

Adromischus caryophyllaceus

长什么样儿： 茎干深绿色，叶片半圆形，对生，叶面光滑，上面密生白色的小点点，叶色深绿，叶边暗紫色。品种易滋生侧芽。

养护要点： 夏季休眠，休眠期要庇荫减水，保持环境通风良好，避免雨淋。越冬温度保持在10℃左右可缓慢生长，低于-5℃要断水。除了夏季适当庇荫，其他季节都要保证充足光照。繁殖方法可用叶插和分枝茎插。

萌点欣赏：

半圆形的叶片及叶边的暗紫色是品种特色。

水泡

景天科
天锦章属

长什么样儿： 水泡是一类多肉植物的统称，如同冬云一样，其中有长叶花鹿水泡、玛丽安水泡、海豹纹钥匙等，水泡的叶片大多都是圆柱形，叶端有圆有尖，还有扁平形，有些叶片比较修长，有些则比较短，叶片上的斑纹多不一致。品种比较易滋生侧芽。

养护要点： 夏季高温时会休眠，此时要断水庇荫，保证环境通风良好，避免被雨水淋到，越冬温度不宜低于5℃，低于这个温度要断水。繁殖方法主要用叶插或茎插。

萌点欣赏：
　　叶片的不同形状和叶片上不同的斑纹是品种特色。

御所锦

景天科天锦章属
别名：褐斑天锦章

Adromischus maculatus

长什么样儿： 叶片卵圆形或圆三角形，中间厚实，边缘薄，叶边光滑，叶色深绿或翠绿，叶面上有褐红色的斑点，有时候叶边完全呈现出褐红色。

养护要点： 全年无明显休眠期，但夏季高温时，最好将植株移到阴凉通风处，在半阴条件下要减少浇水，以免植株徒长。越冬时可耐3℃左右低温，低于这个温度要尽快断水，环境温度在15℃左右时，植株可正常生长。繁殖方法有叶插或分株。

萌点欣赏：
　　翠绿色叶片上的褐红色斑点是品种特色。

萌点欣赏：
　　修长的嫩茎上擎着一个个如水滴状的小棒槌，也如翠绿的小水泡，虽然没有靓丽的颜色，但外形也算小巧别致。

鼓槌天章
景天科天锦章属
别名：棒槌水泡

Adromischus cristatus v. clavifolius

长什么样儿： 嫩茎极细长，从根部生出，茎上生长着水滴状的叶片，叶端稍尖，叶面光滑，叶端有褐色的斑点，易滋生侧芽。天章其实就是天锦章属植物的简称，天锦章属是一个独立的属，由于它们的样貌比较奇特，所以也被叫作水泡，市面上一说到水泡，那就包括成百上千个品种了，它们虽然没有艳丽的颜色和奇特的外貌，但都萌萌哒很可爱。

养护要点： 夏季高温时要完全断水，保证环境通风良好，避免雨淋。越冬时要想让植株正常生长，须使环境温度在10℃以上，春秋时生长迅速，此时要保证充足散射光，保证环境湿度。繁殖方法可用叶插或分株茎插。

萌点欣赏：
毛茸茸的叶片和叶边浓浓的巧克力色很有吸引力。

黑兔耳
景天科
伽蓝菜属

Kalancho tomentosa cv.Chocolate Soldier

长什么样儿： 叶片长卵形，叶边有不规则的缺刻，叶片厚实，上面覆满短绒毛，叶边的绒毛呈深褐色，越往外围的老叶片叶尖的灰褐色越深，越往内的新叶片灰褐色越浅，易滋生侧芽。黑兔耳是月兔耳的园艺品种，从外观上看，黑兔耳的叶片比月兔耳短，叶边的缺刻更平滑，因此显得更圆更呆萌。

养护要点： 夏季高温时休眠，如果环境比较阴凉可缓慢生长，但要注意减少浇水，避免暴晒。冬季如果温度保持在10℃以上，植株正常生长，也可正常浇水，但浇水时间要选在正午温度较高时。除了夏季庇荫，其他时间都要保证充足光照。繁殖方法叶插、茎插均可。

白姬之舞

景天科
伽蓝菜属

Kalanchoe marnieriana

长什么样儿：白姬之舞的茎干绿色、光滑，老茎干呈浅褐色，新茎干呈淡绿色。叶片几近圆形，对生，叶边有不规则的浅锯齿。光照充足时，叶边及叶片外缘会变成诱人的粉红色。容易滋生侧枝。

养护要点：白姬之舞度夏并不困难，只要环境通风，稍庇荫，就能在夏季正常生长。冬季温度不低于10℃也能顺利生长。白姬之舞的生命力非常强大，繁殖主要用茎插和分株。

萌点欣赏：

　　粉红的叶缘和光滑的淡绿色叶片是绝配，白姬之舞是多肉中的小清新。

中叶不死鸟

景天科
伽蓝菜属

Kalanchoe daigremontiana hybrid

长什么样儿：茎干直立，叶片对生。叶片披针形，两边向内卷曲成半筒状，叶缘有规则锯齿，叶色深绿至灰绿，叶片上有褐色的斑点。品种易群生。

养护要点：夏季适当庇荫，保持环境通风良好，可正常给水，但浇水时间宜选在凉爽的早晚时段，冬季时可耐-4℃左右低温，但低于0℃要慢慢减少浇水。繁殖方法可用叶插或分株。

萌点欣赏：

　　棕褐色的叶片，而且每片叶子的边缘都有规则的锯齿，这便是品种特色。

萌点欣赏：
　　株型大方简单，圆柱形的叶片顶端有很多迷你不定芽，看上去很像小花朵，是品种特色之一。

棒叶不死鸟 景天科
　　　　　　　　伽蓝菜属

Kalanchoe tubiflora

长什么样儿：茎干直立，叶片棒状，对生，叶片顶端生着很多不定芽，叶色灰绿，上面有深褐色的斑纹。品种易滋生侧枝。

养护要点：四季均可生长，夏季适当庇荫和减水，越冬时温度不宜低于0℃，一旦低于这个温度要减少浇水或断水。春秋季正常管理。繁殖方法可用芽插，即取叶片顶端的不定芽进行扦插。

宽叶不死鸟

景天科伽蓝菜属
别名：大叶落地生根

Kalanchoe daigremontian hybird

长什么样儿： 茎干翠绿，叶片宽大卵圆形，有短叶柄，叶色深绿。叶缘有规则锯齿，叶面光滑无粉。在叶缘上，同时缀生很多小植株，这些小植株接触土壤便可生长为新植株，故品种又名大叶落地生根。

养护要点： 夏季稍庇荫，可正常浇水，但忌盆中积水及雨淋。越冬温度不宜低于5℃，15℃左右可缓慢生长。除了夏季稍庇荫，其他时节都要保证充足光照。繁殖方法主要用分株。

萌点欣赏：

宽大翠绿的叶片及叶片边缘上缀生的小植株是品种特色。

仙女之舞

景天科伽蓝菜属
别名：贝哈伽蓝

Kalanchoe millotii

长什么样儿： 茎干粗壮，灰绿色，上面覆满白色的绒毛，叶片长椭圆形，叶边波浪状，叶面覆满绒毛，叶片正面深褐色，背面灰白色，株型较大，易木质化。

养护要点： 非常好养，度夏越冬均不困难，南方亚热带、热带地区可露地栽培，要保持充足的光照，否则叶片上的褐色会变淡，幼小的植株要少浇水，避免积水烂根。繁殖方法主要是茎插和叶插。

萌点欣赏：

形容仙女之舞的萌点可用以下几个词语：硕大、毛茸茸、深褐色，叶边波浪形的叶片非常硕大，很容易让人过目不忘。

129

玉吊钟 景天科伽蓝菜属
别名：变叶景天

Kalanchoe fedtschenkoi 'Rosy Dawn'

长什么样儿：叶片卵圆形，叶缘有规则的缺刻，叶片对生，叶色灰绿，间或有淡黄色或乳白色纹路，叶边粉红色，有些品种叶色完全呈通透的淡黄色，花朵吊钟形，粉红色。品种易滋生侧芽。

养护要点：玉吊钟非常好养，在我国热带或亚热带很多地区，玉吊钟是街边路边装饰绿化用的植物，在冬季也是室外越冬的。在北方地区，玉吊钟可以耐0℃以上低温，但安全越冬需要环境温度在5℃以上，冬季15℃左右时植株能正常生长。夏季可不休眠，但需要将植株移到阴凉通风处，减少浇水，以避免植株徒长。繁殖方法主要有叶插或茎插。

萌点欣赏：

极富变化的叶色及吊钟形的小花是品种特色。

扇雀 景天科伽蓝菜属
别名：姬宫

Kalanchoe rhombopilosa

长什么样儿：叶片圆三角形，叶端有波浪般的锯齿，叶片原本的颜色为褐绿色，但叶面上覆盖着一层厚厚的白粉，所以叶色呈现出淡淡的灰白色，上面有不规则的咖啡色斑点。品种易滋生侧芽。

养护要点：度夏时，如果环境阴凉通风，植株可缓慢生长，但要减少浇水，且避免雨淋，如果所处地有梅雨季节，最好给植株浇一些多菌灵，扇雀是非常容易烂根的品种。越冬时可耐最低温度为5℃，低于这个温度要警惕冻伤，环境温度保持在15℃左右时，植株可缓慢生长。繁殖多用砍侧枝茎插。

萌点欣赏：

叶片上厚厚的白粉及咖啡色的斑点是品种特色。

萌点欣赏：
白兔耳的样貌与真实的兔耳最相似，如果选最能以假乱真的一个非白兔耳莫属。

福兔耳
景天科伽蓝菜属

别名：锦毛伽蓝

Kalanchoe eriophylla

长什么样儿： 全株披着密实的白色短绒毛，叶片较其他兔耳更加滚圆厚实、更短小，先端稍尖，叶尖淡淡的金黄色，因叶片覆满白色绒毛，所以看起来叶片是白色的，实际上褪去白绒毛，叶色呈淡淡的绿色。初夏时会开花，易分侧枝。

养护要点： 夏季闷热时节会休眠，休眠期要放在荫蔽、通风的地方，减少浇水，并避免被雨水淋到，越冬温度不可低于0℃，低于这个温度要减水至断水，以免发生冻伤。繁殖方法可用茎插和分株。

仙人之舞

景天科
伽蓝菜属

Kalanchoe orgyalis

长什么样儿： 叶片卵圆形，先端尖，叶边光滑，叶片正面橘红色，背面为泛白的绿色。光照充足、温差加大后叶面会变成迷人的牛奶巧克力色，不论叶片还是茎干，上面都覆盖着一层白色的细绒毛。品种较易滋生侧枝。

养护要点： 度夏时要保证环境通风良好，可耐半阴，但在半阴的环境中，要减少浇水，以免植株徒长，越冬时温度不宜低于7℃，当环境温度保持在15℃以上时，品种可缓慢生长。除了夏季适当庇荫，其他季节都要保证充足光照，否则叶片的巧克力色会渐渐退去，观赏价值降低。繁殖方法有叶插或砍侧枝茎插。

唐印
景天科
伽蓝菜属

Kalanchoe thyrsifolia

长什么样儿：叶片几近圆形，叶边光滑，叶片薄，这一点并不像其他多肉植物那样，叶色暗绿，光照充足、温差加大后，叶色会变成艳丽的粉红色至紫红色。

养护要点：夏季高温时休眠，休眠期要断水，将植株移到阴凉通风处，越冬温度最好保持在10℃以上，这样植株可正常生长，当环境温度低于3℃时，要断水警惕冻伤。繁殖方法多为分株和砍头茎插。

萌点欣赏：

光滑圆润的叶形及叶片艳丽的紫红色是品种的欣赏重点。

千兔耳
景天科
伽蓝菜属

Kalanchoe millotii

长什么样儿：茎干嫩绿，卵圆形叶片对生于茎干两侧，叶边有规则的锯齿，叶片上覆盖着一层短小密实的白毛。容易木质化和滋生侧枝。

养护要点：夏季和冬季都不会休眠，几乎一年四季都在生长，夏季只要稍微庇荫即可，不需要大量减少浇水，冬季环境温度保持在5℃以上可缓慢生长。很好养，很快便能木质化成千兔耳树。繁殖方法叶插和茎插均可，成活率超高。

萌点欣赏：

毛茸茸的叶片非常可爱，虽然与其他兔耳比起来，模样并不十分出众，但好在皮实好养。

萌点欣赏：
长寿花的花朵颜色超级多，它不像大多数多肉植物是欣赏茎或叶的，长寿花的特色在于缤纷多彩的花朵。

长寿花

景天科伽蓝菜属

别名：圣诞伽蓝菜

Kalanchoe blossfeldiana

长什么样儿： 茎深绿色或褐绿色，叶片卵圆形，叶边有规则的波浪纹，叶片对生，叶色翠绿色，冬春季开花，花簇生，复瓣，花色诸多。

养护要点： 夏季高温时会休眠，此时要庇荫减水，将植株移到通风良好处，越冬时可耐5℃以上低温，但如果温度过低或过高都会抑制开花，所以最适宜的开花温度为15℃左右。繁殖方法多为砍侧枝茎插。

萌点欣赏：
红色的，酷似吊灯的小花是品种欣赏重点。

宫灯长寿花 景天科
伽蓝菜属

Kalanchoe manginii

长什么样儿：叶片长卵形，对生，叶边有规则的锯齿，茎干深紫色，叶片翠绿色，花朵吊钟形，因外形酷似提灯所以别称为红提灯。

养护要点：夏季高温时会有短暂休眠期，此时要适当庇荫，并减少浇水，在闷湿的环境下，尤其要少水且避免雨淋，否则植株很容易烂根死掉，越冬时可耐5℃以上低温，当环境温度低于5℃时要警惕冻伤，环境温度在15℃以上时植株可正常生长。繁殖方法为叶插或茎插。

月兔耳 景天科 伽蓝菜属
Kalanchoe tomentosa

长什么样儿： 茎干灰白色，上面覆满长绒毛，叶片长梭形，先端稍尖，叶色灰白，叶边呈深褐色，叶片上覆满白色绒毛，易分侧芽和木质化。因叶片形状格外像兔耳朵而得名。

养护要点： 夏季高温时休眠，休眠期要庇荫、通风、减水，冬季5℃以上便可以正常生长，生长期要保证充足光照，光照充足时植株矮壮，叶片厚实饱满，光照不足的话，叶片会比较瘦弱，且叶间距拉长，株型变得不美。繁殖方法主要是茎插和叶插。

萌点欣赏：

如兔耳般毛茸茸的叶片是欣赏重点。

江户紫 景天科伽蓝菜属
别名：斑点伽蓝菜
Kalanchoe marmorata

长什么样儿： 叶片几近圆形，较薄，叶边有不规则锯齿，叶面光滑，覆薄粉，叶色淡绿，叶片上有大小不一的紫色斑点，株型较规整。

养护要点： 夏季不会休眠，但要移至阴凉通风处，减少浇水，越冬温度不可低于5℃。繁殖方法可用叶插和茎插。

萌点欣赏：

紫色斑点不规则地分布在灰绿色叶片上，很有点儿美丽蝴蝶的妖娆感。

玫叶兔耳

景天科伽蓝菜属

别名：梅兔耳

Kalanchoe Roseleaf

长什么样儿： 叶片三角形，有叶柄，较肥厚多肉，叶边有齿状的凸起，叶片上满布短绒毛，叶背有颗粒状凸起，叶边的齿状凸起上有褐红色的短绒毛。

养护要点： 全年无明显休眠期，但度夏时要庇荫减水，并保持环境通风良好。

越冬时不宜低于5℃，在此温度条件下要尽快断水。环境温度保持在15℃左右时，植株可缓慢生长。除了夏季庇荫，其他季节都要接受充足光照，否则叶边不会呈现出深褐色。繁殖可用叶插或茎插。

滇石莲
景天科石莲花属
别名：四马路

Sinocrassula yunnanensis

长什么样儿：叶片披针形，厚实肉质，先端稍尖，叶片灰蓝色，叶片上覆满短小的绒毛，叶片排列紧实，莲座小巧。植株易群生。

养护要点：四季均可生长，没有明显休眠期。夏季适当庇荫，上、下午两个弱光时段可接受光照，越冬时温度不可低于3℃，低于此温度要慢慢断水，警惕冻伤。其他季节正常管理，滇石莲对光照需求较多，弱光条件下，叶片上的灰蓝色会变淡，新滋生出的部分会呈现出深绿色，且莲座松散，失去美好的模样。繁殖方法可用砍头和分株。

萌点欣赏：

　　灰蓝色的叶片比较特别，大多数多肉植株都以靓丽颜色为主，灰蓝色的滇石莲则多了一份沉稳之感。

女王花笠
景天科石莲花属
别名：女王花舞笠

Echeveria.cv Meridian

长什么样儿：叶片长卵形，较为宽阔、肥厚，叶片边缘有波浪形的褶皱，叶片上覆有薄粉，叶色淡绿，光照充足、温差加大时，叶边紫红色。植株易木质化。

养护要点：夏季要适当庇荫，并放在通风良好的地方养护，比春秋季稍微少浇一点儿水即可，但冬季环境温度不可低于10℃，若低于这个温度要果断断水。春秋季要给予充足的光照，否则易使植株徒长，株型不佳，且颜色暗淡，缺少女王的华丽感。繁殖方法可用叶插、茎插。

萌点欣赏：

　　波浪形的叶片很像舞裙的裙摆，尤其是晒出颜色后，有华丽之感。

罗密欧

景天科
石莲花属

Echeveria agavoides Romeo

长什么样儿：叶片卵圆形，先端尖，株型较大，从整体上看棱角分明，叶尖殷红，叶片呈现淡淡的绿色，光照充足、温差加大后，叶色会变成浓浓的紫红色。注意，除了莲座中间新生的叶片底部微微泛绿，植株其他部位通体红色，非常霸气有范儿。

养护要点：夏季高温时短暂休眠，此时要移到阴凉通风处，减少浇水，并避免雨淋。减少浇水一是避免因高温高湿而导致植株烂根，二是避免植株徒长，徒长后叶片拉长，靓丽的颜色全无，失去了罗密欧的高贵本貌。越冬时温度在10℃以上可正常管理，如果温度低于3℃要慢慢减少浇水，0℃以下时完全断水。繁殖方法可用叶插和砍头茎插。

萌点欣赏：
在白色绒毛的覆盖下，叶片的橙黄色显得温暖宜人。

锦司晃

景天科
石莲花属

Echeveria setosa

长什么样儿： 叶片长匙形，比锦晃星的叶片更厚实，也更加聚拢，先端尖，叶片上覆盖着一层密实的白色绒毛，光照充足、温差加大时，叶尖和叶边变红，叶片背面会变成橙黄色。易群生。

养护要点： 夏季会休眠，要移至阴凉通风处，减少浇水，如果叶片过于干瘪，只围绕盆边浇少许水即可。繁殖方法主要是茎插。

红边月影

景天科
石莲花属

Echeveria albicans

长什么样儿：叶片卵圆形，肉质厚实，叶端有个小尖，叶面上覆薄粉，叶边紫红色，莲座小巧迷你。

养护要点：夏季高温时短暂休眠，休眠期要庇荫减水，保持环境通风，越冬时温度最好不要低于0℃，环境温度保持在15℃左右植株可正常生长，春秋两季要保持充足光照。繁殖方法可用叶插或砍头茎插。

萌点欣赏：

厚实的叶片和紫红色的叶边是品种特色。

萌点欣赏：

粉红的叶尖及叶边。

蒂比

景天科石莲花属

别名：TP

Echeveriacv Tippy

长什么样儿：蒂比是静夜的杂交品种，从外形上看更像静夜，但比静夜大一些。蒂比叶片长勺形，叶端有明显的红尖，蒂比的红尖比静夜要长一些。蒂比叶色鲜绿，光照充足时，叶片边缘呈粉红色。容易群生。

养护要点：除了夏季适当遮阴，其他三季都要保证充足光照，春秋两季可接受阳光直射。夏季高温休眠时少浇水，冬季温度低于0℃也要减少浇水。繁殖方法叶插、茎插均可。

蓝姬莲 景天科石莲花属

别名：若桃

Echeveria blue minima

长什么样儿：叶片匙形，先端尖，叶背有龙骨，叶面上覆薄粉，光照充足、温差加大时，叶尖、叶边和叶背都会变成粉红色。品种易滋生侧芽。

养护要点：夏季要将盆栽移到阴凉通风处，如果环境不闷热，品种可不休眠，但要控制浇水避免植株徒长，越冬时可耐-5℃低温，环境温度在10℃左右时品种可正常生长。除了夏季适当庇荫，其他季节要接受充足光照。繁殖可用叶插或茎插。

萌点欣赏：

蓝粉色的叶片和红红的叶尖是品种特色。

芙蓉雪莲 景天科 石莲花属

Echeveria laui x lindsayana

长什么样儿：叶片匙形，先端有个小尖，叶背有个不明显的龙骨，叶面覆盖着厚厚的白粉，光照充足、温差加大后，叶片会变成粉红色，芙蓉雪莲是雪莲的园艺品种，叶片没有雪莲那样圆润，但价格也相对实惠。

养护要点：夏季高温时会短暂休眠，如果环境阴凉也可不休眠，但要减少浇水，芙蓉雪莲要避免雨淋，否则易黑腐而死。越冬时温度不宜低于5℃，低于这个温度要减少浇水，环境温度在15℃左右时植株可正常生长，除了夏季适当庇荫，其他季节都要保证充足光照。繁殖方法可用叶插或砍头茎插。

萌点欣赏：

叶片上厚重的白粉及叶色的粉嫩颜色是品种特色。

姬莲

景天科石莲花属

别名：小红衣

Haworthia cymbiformis var.triebnet poelln

长什么样儿：叶片长匙形，厚实，叶边有稀疏的细小锯齿，叶端尖，叶色翠绿通透，叶端有深绿色的竖纹，极易滋生侧芽。

养护要点：没有明显的休眠期，但夏季时要保证环境通风良好，夏季时半阴养殖，其他三季要有充足散射光，越冬温度不可低于10℃，低于这个温度要慢慢减水至完全断水。全年均不可强光直晒，否则叶片易变焦黄。繁殖方法主要是分株。

萌点欣赏：

通透的半透明叶片及叶尖明显的花纹是姬莲的欣赏重点。

白凤

景天科
石莲花属

Echeveria 'Hakuhou'

长什么样儿：老茎灰褐色，嫩茎淡绿色，叶片卵圆形，较硕大，叶边平滑，叶背有龙骨，叶片上覆盖着厚实的白粉，光照充足、温差加大后，叶色会变成淡淡的粉绿色，叶边粉红，白凤属于大型莲花，市面上售卖的植株很多都是冠幅直径在10厘米以上的，易木质化和滋生侧芽。冬季开花，花色粉红，成簇开放，形态美。

养护要点：养护无难度，夏季不休眠，但要适当庇荫，日照过强会晒伤叶边和叶尖，变成焦褐色。冬季温度不低于10℃可正常生长。繁殖方法主要是茎插。

萌点欣赏：

滑如凝脂的叶片及粉红的叶色很容易让人联想到古代身形丰满、体态雍容的侍女。白凤是普货中既有颜值又有身高的品种。

白牡丹
景天科
石莲花属

Graptopetalum paraguayensis

长什么样儿：茎灰白色，叶片密生于茎周围，叶片卵圆形，先端尖，叶面光滑，覆盖一层白粉。叶色淡绿，光照充足、温差加大时，叶边会泛出淡淡的粉白色。易滋生侧芽。

养护要点：度夏越冬都简单，夏季稍庇荫，遇到高温高湿天气要减少浇水，冬季要想正常生长，环境温度保持在10℃以上。繁殖方法可用叶插或茎插。

萌点欣赏：

厚实的叶片有牡丹的雍容感，但终年白绿色或灰白色，使得白牡丹倒也名副其实。

高砂之翁
景天科
石莲花属

Echeveria Takasagonookina

长什么样儿：叶片卵圆形，叶边有波浪形的褶皱，叶面光滑，覆盖着一层薄薄的白粉。老叶紫绿色，新叶嫩绿色，光照充足、温差加大后，叶边会变成紫红粉色。

养护要点：夏季高温时会休眠，此时要庇荫减水，将植株移到通风良好处，一旦确定植株休眠了，就要断水且避免雨淋。越冬时温度最好保持在0℃以上，低于这个温度要断水，并警惕发生冻伤，环境温度在10℃以上时，植株可缓慢生长。除了夏季适当庇荫，其他季节都要给予充足光照，否则株型和颜色都不美。繁殖方法有叶插和砍头茎插。

萌点欣赏：

叶边的波浪形褶皱及粉红的叶色是品种特色。

大合锦
景天科
石莲花属

Echeveria purpusorum

长什么样儿：叶片广卵形，先端极尖，叶片排列紧密，叶背有明显凸出的龙骨，叶色灰绿，叶面上有褐红色的斑纹，光照充足、温差加大时，叶边会泛出淡淡的粉红色。

养护要点：大合锦没有明显的休眠期，但在度夏时，要保证环境凉爽通风，如果处在半阴环境中，要适当减少浇水，否则植株会徒长，破坏品种样貌，越冬温度保持在10℃以上植株可缓慢生长，低于-5℃时，要断水警惕冻伤，0℃以上的环境可安全越冬。繁殖方法主要为叶插或砍头茎插。

特玉莲

景天科石莲花属

别名：特叶玉莲

Adenium obesum

长什么样儿： 茎干浅褐色，叶片两边向下弯曲，中间向上拱起，先端尖，叶色深绿，叶面覆盖着一层厚厚的白粉，光照充足时叶边会变成淡粉色，植株易木质化和滋生侧芽。特玉莲的模样比较特殊，它不像雨滴等叶片上生出疣状物的品种，它的叶形非常奇特，这也是它的欣赏重点之一。

养护要点： 特玉莲基本不会休眠，夏季高温时要庇荫减水，并保证环境通风良好，越冬温度10℃左右时，植株可以正常生长，唯一需要注意的是，如果生长环境光照不充足，减少浇水，避免因水过量而引起植株徒长，使莲座松散，变得不够美观。繁殖方法可用叶插和茎插。

萌点欣赏：

弯曲的叶片极具特色，辨识度极高。

锦晃星

景天科石莲花属

别名：绒毛掌

Echeveria pulvinata

长什么样儿： 叶片长匙形，较厚实，先端尖，叶面上覆盖着一层白色的绒毛，光照充足、温差加大时，叶尖和叶边会变成紫红色，初冬会开花，花橘黄色钟形，成簇开放很是靓丽多姿。

养护要点： 夏季高温时会休眠，休眠期要放在庇荫通风处，适当减水，休眠期会落叶，不用过于担心，进入秋季后，叶片会慢慢滋生出来，繁殖方法是砍枝茎插。

萌点欣赏：

叶片上密实的白色绒毛和红艳艳的叶尖叶边是欣赏重点。

146

雪莲

景天科
石莲花属

Echeveria laui

长什么样儿: 叶片卵圆形,厚实,先端圆滑。叶色深绿色,或褐紫色,叶面上覆盖着一层厚厚的白粉。在白粉的覆盖下,莲座雪白,光照充足、温差加大时,叶色变成魅惑的粉紫色,应该不是叶片本身的颜色,而是在白粉掩映下的叶色,雪莲的粉是欣赏重点,而且这厚厚的粉末一旦碰掉就无法恢复,所以浇水、搬动盆子时要格外小心。易群生。

养护要点: 夏季高温时会进入休眠期,此时要庇荫减水,保证环境通风。冬季耐0℃以上低温。繁殖方法主要是分株、叶插和播种。于对生多肉植物而言,播种比较麻烦,但繁殖出的植株抗性较强,比较不容易滋生病虫害。

萌点欣赏:
　　此雪莲虽不是冰山上的来客,却具备了冰雪美人般的姿态,圆润的姿态、厚厚的粉,这些都是雪莲的欣赏重点。

萌点欣赏： 叶边的红缘是欣赏重点，魅惑得很。

花月夜
景天科
石莲花属

Echeveria pulidonis

长什么样儿： 叶片长匙形，有修长的叶尖，光照充足时，全缘深红，花月夜的叶片有的厚实圆滚，也有一些相对薄一些。花月夜容易群生，群生姿态更美。花月夜有最美普货之称。莲座的标致模样被很多人爱不释手。曾在某植物园看过一棵古董级的花月夜，群生出百头之多的莲座，摆放在几案上相当壮观。

养护要点： 花月夜度夏有点儿艰难，尤其是小植株，如果高温35℃持续一周，很快会进入休眠期，休眠期庇荫通风减水，连阴雨天时要断水。其他季节正常养护。繁殖方法叶插、茎插均可。

紫珍珠

景天科石莲花属

别名：纽伦堡珍珠

Echeveria 'Perle von Nurnberg'

萌点欣赏：

终年淡淡的粉紫色使紫珍珠在普货圈里追随者极多，而这高贵神秘的颜色也是紫珍珠的欣赏重点。

长什么样儿： 叶片匙形，先端尖，缺光时叶片灰绿色，光照充足、温差加大时，全株叶片都是灰紫色，叶片覆薄粉，叶边和叶尖是更加瑰丽的紫红色。紫珍珠易木质化和群生。

养护要点： 夏季会休眠，度夏时要将植株移到阴凉通风处，减少浇水，尤其不要让叶心积水，夏末秋初这段时间非常爱长介壳虫，介壳虫会带来煤烟病，很多紫珍珠熬过了闷热的夏季，却陷在了介壳虫的围攻下，所以入秋时预防介壳虫尤其重要，首先要保证环境通风，其次不可以大水灌溉，检查植株时，如果发现了介壳虫，要赶紧手动捕捉加喷药，并将病株与其他多肉隔离。紫珍珠越冬不难，只要环境温度不低于10℃，便可以正常生长。繁殖方法主要是茎插和叶插。

艳日伞
景天科
莲花掌属

Aeonium arboretum f. variegata

长什么样儿：叶片长卵形，很薄，先端稍尖，叶片中间淡绿色，边缘淡黄色，叶边有微锯齿，莲座四散呈平面生长，因叶片柔软，四散披下，如伞状，故称艳日伞。品种易木质化。

养护要点：夏季高温时短暂休眠，休眠期要庇荫减水，保持环境通风，越冬温度不能低于5℃，若低于这个温度要慢慢减水或断水。繁殖方法可用茎插。

萌点欣赏：

四散披下的柔软叶片及叶片上黄绿相间的清新颜色是品种特色。

中斑莲花掌
景天科
莲花掌属

Aeonium tabuliforme f.cristata

长什么样儿：叶片匙形，较薄，先端有小尖，叶缘有细密的锯齿，叶色翠绿，叶片中心有黄白色的斑纹，叶边红，莲座比较大，最大可以长到直径50厘米左右。品种易木质化。

养护要点：夏季高温时会短暂休眠，此时要减水庇荫，保持环境通风良好，如果发现植株落叶，要减少浇水。越冬时温度不宜低于5℃，保持在15℃左右品种可正常生长。春秋要保证充足光照，光照不足时，叶边不会变红。繁殖方法可用茎插。

萌点欣赏：

绿白相间的叶片和庞大的莲座是品种特色。

萌点欣赏：
　　山地玫瑰很有翡翠白菜
的品莹剔透范儿，虽然因品种
不同样貌上也有一些差异，但
在色彩靓丽的多肉植物中，山
地玫瑰也算是小清新一枚了。

山地玫瑰
景天科
莲花掌属

Greenovia dodrentalis

长什么样儿：山地玫瑰是一类多肉植物的统称，它们在叶色、叶形上有微小的差异，叶片多为卵圆形，很薄，叶色有淡绿、翠绿、深绿等差别，莲座叶片包裹紧实，外围叶片容易干枯，但并不妨碍植株正常生长。品种易滋生侧枝。

养护要点：夏季高温时休眠，休眠期要庇荫断水，保持环境通风良好，越冬温度保持在15℃时植株可正常生长，低于3℃要断水。春秋季为主要生长季，要给予充足散射光。繁殖方法可用分株或播种。

日本小松

景天科莲花掌属

别名：小人祭

Aeonium sedifolium

萌点欣赏：
日本小松木质化后可长成树状，姿态遒劲有力，这是欣赏重点。

长什么样儿： 日本小松叶片卵圆形，非常迷你，很难将其与莲座极大的莲花掌属多肉联系到一起。在光照不足的情况下，日本小松的叶片翠绿色，小小的莲座摊开长，不聚拢；光照充足、温差加大时，叶片上会出现褐色的条纹，叶片更加聚拢，但日本小松叶片上有一层短绒毛，很容易粘到灰尘和其他异物，要经常处理状态才最美。

养护要点： 夏季高温时会休眠，休眠时叶片包裹严实，此时要减水至断水，其他季节正常管理。繁殖方法主要是茎插。

152

爱染锦 景天科莲花掌属

别名：黄笠姬锦

Aeonium domesticum fa.variegata

长什么样儿：叶片匙形，边缘有细小的锯齿，颜色黄绿相间，有些莲座完全是淡黄色。品种易滋生侧芽。

养护要点：如果环境适当，可全年不休眠，度夏时最好将植株移到阴凉通风处，减少浇水，遇到连阴雨天气要将植株移到室内避雨，越冬温度最好保持在10℃以上，这样植株可缓慢生长，低于3℃要减少浇水直至断水。除了夏季适当庇荫，其他季节都要保证充足光照，但春暖花开将植株移到室外时，也要警惕突然接受阳光直射时的晒伤。繁殖多用茎插。

萌点欣赏：

　　黄绿相间的叶片是爱染锦欣赏重点。

明镜 景天科莲花掌属

别名：盘叶莲花掌

Aeonium tabulaeforme

长什么样儿：叶片圆匙形，叶边有细小的纤维毛，叶色深绿，叶片水平方向排列，莲座呈镜面状，对于大多数聚拢生长的多肉植物来说，明镜比较特殊，会让人过目不忘，由于特殊的生长方式，此品种最大直径可到半米左右。

养护要点：夏季高温时植株休眠，此时要将盆栽移到阴凉通风处，少给水，以免植株徒长厉害。越冬时温度不宜低于3℃，在这个温度左右时要断水，温度在15℃左右时植株可正常生长。繁殖方法为砍侧芽茎插。

萌点欣赏：

　　如镜面般平整的莲座是其他多肉植物所不具有的，这便是明镜的欣赏重点。

艳日辉
景天科莲花掌属
别名：夕映

Aeonium decorum f.variegata

长什么样儿： 叶片匙形，先端稍尖，叶边有锯齿，叶片两边稍向内包拢，叶背有明显的龙骨。叶色深绿色，叶边紫红，光照充足、温差加大后，叶色会变得黄绿相间，叶边则变成粉红色。品种易滋生侧枝。

养护要点： 全年无明显休眠期，夏季高温时要将植株移到阴凉通风处，适当减少浇水，越冬时可耐0℃以上低温，但温度处在0℃左右时，要断水，环境温度在10℃以上，植株可缓慢生长，除了夏季适当庇荫，其他季节都要接受充足光照。繁殖方法多用剪侧枝茎插。

萌点欣赏：

　　艳日辉的萌点主要在于颜色，普通光照下，绿叶红边，长日照加温差大的情况下，叶边会变成黄、绿、粉红相间的颜色，极艳丽。

花叶寒月夜
景天科莲花掌属
别名：灿烂

Aeonium subplanum f.variegata

长什么样儿： 茎干灰褐色，叶片卵圆形，先端尖，叶边有锯齿，叶片较薄，叶面光滑无粉，叶片中间绿色，边缘淡黄色。光照充足时，黄色边缘上会染一圈粉红色，贵在每一片叶子都能很规整，不仅叶形规整，就连颜色分布也异常规整。

养护要点： 不存在休眠问题，但夏季要适当庇荫并减少浇水，越冬时可耐0℃以上低温，如果温度低于0℃则要适当断水。花叶寒月夜易木质化，会长出很高的杆子，但不太容易滋生侧枝。目前市面上有其缀化品种，即多肉莲座群生的状态。繁殖花叶寒月夜主要用茎插。

萌点欣赏：

　　巨大的莲座及叶片上红、黄、绿的三色组合极具特色。

萌点欣赏：
　　飘逸俊朗的株型很容易让人联想到美男子，如果多肉植物中有美男的话，非黑法师莫属了。

黑法师
景天科
莲花掌属

Sedeveria Darley Dale

长什么样儿：叶片匙形，非常修长，虽是多肉，却不如其他多肉叶片那般厚实，黑法师的叶片很薄，叶边有细小的锯齿，叶片光滑。缺光时，新生的叶片发绿，光照充足时，叶片乌黑发亮，茎干会长得粗壮高挺，分出很多侧枝，养多年后，易成为一米多高的树形，作为高大绿植装扮居室很特别。

养护要点：度夏并不难，可放在阴凉通风处，稍微减少一些浇水量便可以顺利度过夏天。但黑法师畏寒，冬季温度低于10℃就会慢慢进入休眠期，此时要放在光照充足的室内，减少浇水，尤其是冬季早晚不可以浇水，不可以浇大水。黑法师容易掉叶子，处在正常生长期也会，只要不是从莲座周围掉落大量的新鲜叶片，或是莲座中心叶片腐烂脱落就没问题。繁殖方法主要是砍头或侧枝茎插。

萌点欣赏：
　　没有莲花掌属植物的突出特色，叶片既不油亮光滑，有时还会失去整齐端庄的莲座姿态，但冰绒正是以叶片上如睫毛般的纤毛为特色。

冰绒

景天科莲花掌属

别名：冰绒掌

Aeonium ballerina

长什么样儿： 叶片长匙形，较薄，叶色翠绿，植株较小时，莲座比较规整，随着植株生长，莲座长大，叶片排列会更加随意，莲座显得松散无型，叶片上及叶片边缘长满睫毛般的细小纤毛，易滋生侧芽。

养护要点： 夏季无明显休眠期，如果环境阴凉通风，植株可正常生长，但遇到阴雨天气要适当避雨，以免接触过多雨水而导致植株黑腐，冬季时可耐0℃以下的低温，但此时要断水，环境温度在15℃以上时植株可正常生长。繁殖方法主要用茎插。

桃之卵

景天科厚叶草属

别名：月美人

Pachyphytum oviferum cv.Tsukibijin

长什么样儿： 叶片卵圆形，厚实，叶端无尖，叶片上有白粉，叶色粉红至紫红，非常艳丽，易生侧芽。

养护要点： 度夏要庇荫、通风、减少浇水，夏季非常容易毁容，使其失去美丽的模样，所以在光照不强烈的时间段，尽可能让其接受日照。繁殖方法主要是叶插、茎插。

萌点欣赏：

　　不管何时，桃之卵的叶片都滚圆粉红，若美人面一般吸人眼球。

东美人

景天科厚叶草属

别名：冬美人

Pachyveria pachyphytoides Walth

长什么样儿： 叶片卵圆形，叶端稍尖，叶片光滑，上面覆盖一层薄薄的白粉。缺光时叶色灰绿，光照充足、温差加大时，叶色变成淡淡的灰紫色，叶尖和叶边微微粉红，初夏时开花。

养护要点： 作为普货中的战斗机，东美人几乎四季都可以全日照，即便在高温的夏季，只要环境通风好、湿度不高，全日照也是没关系的。冬季也比较耐寒，5℃以上可以缓慢生长。东美人不像其他多肉，它比较喜欢肥料。拿缓释肥来举例，如果其他肉肉半年施一次，那东美人可2个月施一次。繁殖方法可用叶插和分枝茎插。

萌点欣赏：

　　厚实宽阔的叶片很具纯美之感，群生后观赏价值则更高。

157

桃美人

景天科
厚叶草属

Pachyphytum cv.MOMOBIJIN

长什么样儿： 叶片卵圆形，非常厚实，具有美人珠圆玉润的姿态。叶片上覆盖着一层厚厚的白粉，叶端有个小尖。通常情况下是灰绿色，光照充足、温差加大时，叶色会变成粉红色，易滋生侧芽。

养护要点： 度夏时要庇荫、通风、减水，但不可断水。冬季温度不低于5℃可缓慢地生长。繁殖方法可用叶插和茎插，叶插苗生长速度较慢。

萌点欣赏：

在厚实白粉的附着下，粉红的叶片显得异常呆萌。

星美人

景天科厚叶草属
别名：白美人

Pachyphytum oviferum'HOSHIBIJIN'

长什么样儿： 叶片卵圆形，厚实，上面覆盖着一层厚厚的白粉。当桃美人没出状态时，星美人与其几乎样貌无异，只是叶端没有红尖。不管光照、温差如何变化，星美人也不会变成粉红色，始终呈现着淡淡的灰白色。

养护要点： 与其他厚叶草属多肉一样，度夏时不可以完全断水，要少给水维持根系所需。繁殖方法主要是叶插和茎插。

萌点欣赏：

虽然没有动人的粉红色，但"一白遮百丑"是颠扑不破的真理。

萌点欣赏：叶片上不规则的棱线及所显现出的多种颜色是品种特色。

蓝黛莲

景天科
厚叶草属

Pachyveria glauca

长什么样儿： 叶片梭形，先端尖，叶片上有不规则的棱线，叶色墨绿，叶面上覆满白粉。光照充足、温差加大后，叶尖和边缘会变成淡淡的橘黄色，且因为棱线的存在，会在光的作用下呈现出多种颜色的状况。

养护要点： 蓝黛莲无明显休眠期，但度夏时要将植株移到阴凉通风处，可正常浇水，但避免雨淋，尤其是比较幼小的植株，如果环境比较闷湿，则需减水。越冬温度需保持在10℃以上，这样植株可缓慢生长，若低于0℃需断水。繁殖方法多用叶插、茎插、分株等。

千代田之松
景天科
厚叶草属

Pachyphytum compactum

长什么样儿： 千代田之松是普货中较容易养的品种之一。它的叶片圆柱形，有明显的棱角，先端尖，叶片排列紧实。光照充足、温差大时，叶色黄橙色，叶尖粉红，缺光时全株绿色。其实，全绿时只要不徒长，也是挺好看的，容易木质化。

养护要点： 度夏时要减少浇水，适当庇荫，尤其不要被雨水淋到，冬季温度10℃以上可以正常生长。繁殖方法可用叶插或砍头茎插。

萌点欣赏：

如纺锤一样的小小叶片萌感十足，尤其是出状态后，淡淡的黄橙色，很像我们小时候吃的橘子味冰棍儿，达到视觉满足后又勾起了味觉的憧憬。

青美人
景天科厚叶草属
别名：青星美人

Pachyphytum 'Dr Cornelius'

长什么样儿： 叶片长匙形，先端尖，叶片肥厚，覆薄粉，叶色深绿至翠绿，光照充足、温差加大后叶尖及叶边变成粉红色。

养护要点： 全年并无明显休眠期，但度夏时要庇半荫，保持良好的通风环境，并适当减少浇水，以免植株徒长，越冬时温度不宜低于3℃，低于这个温度要慢慢浇水至断水，环境温度保持在10℃以上，植株可正常生长。繁殖方法有叶插和茎插。

萌点欣赏：

粉红色的叶尖及叶边是品种特色。

三日月美人

景天科
厚叶草属

Pchyphytum oviferum mikadukibijin

长什么样儿： 从外形上看，与青星美人有些相似，但叶片比青星美人稍宽一些，也更加厚实。叶片上覆盖一层白粉，光照充足、温差大时，叶尖会变成紫红色，叶片会变成通透的橙粉色，很像果冻。

养护要点： 三日月美人是近两三年的园艺品种，养护要点与其他厚叶草属多肉相近，繁殖方法主要是叶插和茎插。

萌点欣赏：

　　叶片稍显出的果冻色很美，如果说古代美人以珠圆玉润为美，那三日月美人则是标新立异的现代美女。

厚叶莲

景天科厚叶草属
别名：厚叶石莲

Pachyphytum amethystinum

长什么样儿： 叶片卵圆形，肉质肥厚，先端稍尖，叶边光滑，叶面上覆盖着一层白粉，叶色灰绿，光照充足、温差加大后，叶色会转成浅灰绿，微微带紫色。

养护要点： 全年无明显休眠期，夏季高温时要庇荫，保持良好的通风环境，并适当减少浇水。越冬时可耐0℃以上低温，但此温度条件下要断水，当环境温度保持在10℃以上时，植株可缓慢生长。繁殖方法为叶插或茎插。

萌点欣赏：

　　饱满厚实的灰绿色叶片及叶面上覆盖的白粉是品种特色。

稻田姬

景天科
厚叶草属

Pachyphytum glutinicaule Moran 1963

长什么样儿：从外形看，稻田姬与星美人很像，但叶片却不如星美人厚实，但稻田姬在接受了充足光照后，叶色会更加靓丽。品种易木质化。

养护要点：夏季可不休眠，缓慢生长，但要适当庇荫，减少浇水，否则植株会徒长厉害。越冬时温度不宜低于5℃，保持在15℃可正常生长。繁殖方法可用叶插或分株。

萌点欣赏：

紫红的叶色及叶片上厚厚的白粉是品种特色。

长叶莲花

景天科
厚叶草属

Pachyphytum fittkaui

长什么样儿：叶片棒形，但只有叶背比较圆滚，叶片正面则比较平整，先端稍尖，缺光时叶片草绿色，光照充足、温差加大后，叶片会变成黄绿色或红褐色，品种易长大。

养护要点：夏季高温时会短暂休眠，此时要适当庇荫，保持环境通风良好，并减少一定浇水量，如果发现叶片过于干瘪，可沿着盆边少量浇水。越冬温度最好保持在10℃以上，这样植株可以正常生长，低于0℃要慢慢断水。春秋季要接受充足光照。繁殖方法可用分株和叶插。

萌点欣赏：

细长的叶片如同手指，包裹聚拢的莲座如同合拢的手掌。

萌点欣赏：

规整的观音莲座如同一朵盛开的莲花，对于此品种来说，全株都是欣赏重点。

观音莲
景天科
长生草属

Sempervivum tectorum

长什么样儿： 叶片长匙形，先端尖，叶面光滑无粉，叶缘有白色的纤维毛，叶色翠绿或深绿，光照充足、温差加大后，叶边及叶尖会变成深紫色。品种极易滋生侧芽。

养护要点： 夏季高温时休眠，此时要将植株移到阴凉通风处，适当减少浇水，如果持续高温超过35℃，要断水，不用担心叶片干枯的问题，等到秋凉时候正常浇水很快就能恢复过来，越冬时可耐0℃以上低温，但处于此温度条件下，必须要完全断水，环境温度在15℃以上时，品种可缓慢生长。繁殖方法为叶插或茎插。

蛛丝卷绢

景天科
长生草属

Sempervivum arachnodeum

长什么样儿：叶片披针形，先端尖，叶边有细小的锯齿，叶尖被许多纤维丝状的白绒毛相互牵连，像蜘蛛网一般，叶色淡绿，品种易滋生侧芽。

养护要点：度夏时会休眠，植株停止生长，此时要将植株移到阴凉通风处。天气干燥时，可给植株少量喷雾，不可以浇水。越冬时环境温度不低于10℃，植株就能缓慢生长，蛛丝卷绢不喜欢强光，春秋冬三季要给予充足的散射光。繁殖多用剪侧枝茎插。

萌点欣赏：

叶片上如蛛网一样生出的白色纤维丝是品种特色。

细叶百惠

景天科长生草属
别名：百惠

Sempervivum ossetiense

长什么样儿：叶片圆筒状，从顶端看，像是卷曲起来的，中心镂空，但基部连接，叶端尖，叶色深绿，叶尖深紫色，极易群生。

养护要点：夏季高温时，要将植株移到阴凉通风处，适当减少浇水，忌雨淋，如果持续高温，植株会进入休眠期。越冬时可耐0℃以上低温，但处于此温度条件下要断水，环境温度在15℃左右时，植株可正常生长，繁殖多用分株。

萌点欣赏：

筒状的细叶片及深紫色的叶尖是品种欣赏重点。

长生莲 <small>景天科瓦松属</small>
别名：瓦松

Orostachys Fish

长什么样儿：叶片披针形，先端尖，莲座紧凑密实，叶色深绿，光照充足、温差加大后，叶边及叶尖会变成褐红色，品种极易滋生侧芽，群生后更为壮观。

养护要点：度夏时植株可不休眠，但要保证度夏环境通风条件好，最好处在半阴中，并适当减少浇水。越冬时可耐-5℃以上低温，但此时要完全断水，当环境温度处在10℃以上时，植株可正常生长。繁殖方法可用砍侧芽茎插。

萌点欣赏：

修长的披针形叶片是品种特色。

子持莲华 <small>景天科 瓦松属</small>

Orostachys boehmeri

长什么样儿：子持莲华的莲座很小，叶片宽卵圆形，表面光滑覆薄粉，叶色蓝绿。子持的茎干很细弱，无法直立生长，只能匍匐在盆中，所以养子持，建议用宽口花盆。

养护要点：四季都很好养，既不惧暑热也不惧严寒，夏季高温时只需适当遮阴，浇水量稍减，但注意最好不要淋雨，冬季温度不低于10℃可正常生长。繁殖方法主要是茎插。

萌点欣赏：

由一棵滋生出N多侧枝，热热闹闹地爆满一盆的景象非常喜庆，谁家有添丁之喜送盆子持莲华很是应景，那才是真正的子子孙孙无穷尽。

165

萌点欣赏：淡绿色的薄叶片及叶片上的薄粉是品种特色。

青凤凰

景天科瓦松属

别名：玄海岩

Orostachys iwarenge

长什么样儿：叶片长卵形，比较薄，叶端较圆，叶面上覆薄粉，叶色蓝绿。光照不足时植株徒长，叶片会拉得细长，光照越充足、温差越大，叶片会更圆、更饱满，莲座也会更紧凑。青凤凰像子持莲华一样，开花后母株会死亡，因此看到植株滋生出花箭要尽早剪除。

养护要点：夏季高温时短暂休眠，此时稍微庇荫，减少浇水，如果天气潮湿，可不浇水。越冬时温度不宜低于0℃，如果低于这个温度要减少浇水或断水。繁殖方法可用砍头茎插。

166

萌点欣赏：
覆满白粉的圆滚滚的叶片萌感十足，是欣赏重点。

乒乓福娘

景天科
银波锦属

Cotyledon orbiculata cv.

长什么样儿：乒乓福娘是福娘的园艺品种，与它的母亲一样，都是容易木质化的，且成长老桩的模样更可人。乒乓福娘叶片卵圆形，叶色深绿，上面覆满厚厚的白粉，叶片顶端呈红褐色，叶片对生于茎干两侧，容易木质化。

养护要点：夏季高温时会休眠，休眠期要庇荫，减少浇水或断水，避免被雨水淋到，叶片因缺水发皱也没关系，只要度过夏季恢复正常浇水后，叶片会恢复饱满的形态。繁殖方法可用叶插，也可分株茎插。

舞娘
景天科银波锦属
别名：熊童花月

长什么样儿：茎干翠绿色，叶片长匙形，叶边光滑，叶面上覆盖着一层白色的短绒毛，叶色淡绿，光照充足、温差加大后，叶边会变成紫红色。品种易滋生侧芽。

养护要点：舞娘与同属的福娘外形很相似，养护方法也大同小异。夏季高温时会休眠，但如果环境阴凉、通风条件好，植株可以缓慢地生长。夏季要减少浇水，一是植株生长缓慢，不需要过多水分，二是避免因根部积水而导致腐烂。舞娘在越冬时可耐5℃以上低温，低于这个温度要减水或断水，环境温度在15℃左右时品种可正常生长。繁殖方法主要是茎插。

萌点欣赏：

嫩绿色的修长叶片配上轮廓清晰的紫红叶边使得舞娘看上去亭亭玉立，很有大家闺秀的姿态。

熊童子
景天科
银波锦属

Cotyledon ladismithiensis

长什么样儿：叶片卵圆形，肉质，叶片上覆满白色的短绒毛，有规则的叶尖，从外形上看很像毛茸茸的熊掌。叶片对生于茎干两侧，嫩茎淡绿色，木质化后的老茎灰褐色，易分支和木质化。

养护要点：夏季高温时会休眠，但如果环境荫蔽，通风良好且温度不高，也可以不休眠。如果发现植株长势缓慢，或根本不长，那说明植株休眠了，此时要将其移至阴凉通风处，减少浇水，待入秋后再给水使其生长。越冬温度最好不要低于10℃，这个温度以上，熊童子可以正常生长。相对于其他多肉植物，熊童子生长较缓慢，且对水分的需求量少，即便在生长期，浇水量也要少于其他多肉植物。繁殖方法常用茎插，叶插成活率低。

萌点欣赏：

毛茸茸的小熊掌配上红红的尖指甲，是可爱与魅惑的最好集合。

熊童子白锦
景天科
银波锦属

Cotyledon ladismithiensis variegata

长什么样儿： 从植株姿态和叶片形状上看，与绿熊一样，但白锦就是绿色叶片出现白色条纹的状况。相较于绿熊，白熊更稀有，价格是绿熊的几倍至十几倍，同样出锦的品种还有熊童子黄锦，但黄锦要比白锦常见，价格也更实惠。

养护要点： 夏季休眠，休眠期要注意庇荫，保证环境通风，并减少浇水。没有木质化的白熊，在夏天稍微多一点儿水，都可能会导致植株黑腐，所以要避免一切易导致黑腐的情况，如避免雨淋，避免多水，避免环境过于闷湿。冬季可耐0℃以上低温，低于这个温度要注意减少浇水。白锦的生长速度很慢，不必年年换盆，繁殖方法可用茎插。

萌点欣赏：

叶片白绿相间，一样会有红红的指甲，比绿熊更稀有，姿态更萌更高雅。

旭波之光
景天科
银波锦属

Cotyledon undulata 'Hybrid'

长什么样儿： 叶片卵圆形，叶边光滑，有些叶边有大波浪形的褶皱，叶色黄绿相间，有些叶片颜色完全呈淡黄色，叶面上覆盖着一层薄薄的白粉。

养护要点： 夏季高温时休眠，要将植株移到阴凉通风处，如果持续高温超过35℃，必须断水。越冬时可耐3℃左右低温，当环境温度在10℃以上时，植株可缓慢生长。繁殖方法多为剪侧枝茎插。

萌点欣赏：

黄绿相间的叶色及叶面上薄薄的白粉是品种特色。

达摩福娘

景天科
银波锦属

Cotyledon pendens

长什么样儿： 达摩福娘的叶片卵圆形，但比乒乓福娘更圆滚，叶端有尖，叶面覆盖一层薄薄的白粉，叶色翠绿至黄绿，易群生。光照充足、温差大时，叶尖和叶边变成红色。

养护要点： 夏季会休眠，休眠时庇荫减水。达摩福娘的茎干比较细弱，很难直立生长，多会匍匐在盆中，度夏时要特别注意通风，否则容易黑腐。繁殖方法可用叶插，也可分株茎插。

萌点欣赏：
比乒乓福娘更圆滚的叶片非常讨喜，而且叶端的红尖尖很像姑娘的红指甲，所以，达摩福娘是名副其实的美女一枚。

福娘

景天科银波锦属

别名：丁氏轮回

Cotyledon orbiculata var.dinteri

长什么样儿： 福娘是乒乓福娘和达摩福娘的母本，叶片长椭圆形，几近棒形，先端尖，对生于茎干两侧，叶色深绿至灰绿，叶片上覆盖一层白粉，叶边和叶尖呈红褐色。茎干容易木质化，会直立生长。

养护要点： 夏季高温时会休眠，要将植物放在阴凉通风处，减少浇水。越冬温度不可低于0℃。繁殖方法主要用叶插和砍枝茎插。

萌点欣赏：
覆满白粉的圆滚滚的叶片萌感十足，是欣赏重点。

瑞典魔南
景天科
魔南景天属

Monanthes polyphylla

长什么样儿：莲座迷你，叶片极小，菱形，叶色呈晶莹的翠绿色，叶片排列紧凑。光照充足、温差加大时，叶片会变成淡淡的黄褐色。品种易滋生侧芽。

养护要点：夏季高温时休眠，休眠期要断水庇荫，保持环境通风良好，夏季即便植株再干瘪，也不要浇水，可在傍晚时给叶片少量喷雾。越冬温度不可低于0℃，当在0℃左右时，必须要断水。品种春秋季生长较迅速，繁殖可用分株。

萌点欣赏：

迷你的小莲座如宝塔，群生后的植株如层层叠叠的塔楼，极具观赏价值。

魔南景天
景天科
魔南景天属

Monanthes brachycaulon

长什么样儿：莲座迷你，有嫩白色的肉质茎，叶片卵圆形，边缘光滑，叶色翠绿，叶面上有深绿色的小凸起，叶片上有短叶柄，品种易滋生侧枝。

养护要点：夏季休眠，休眠期要庇荫断水，保持环境通风良好，魔南景天在夏季时，如果环境闷热，滴水都会腐烂，但若环境阴凉，则可适当浇水，但植株几乎不长。越冬温度不宜低于0℃，环境温度在10℃以上时，品种可缓慢生长。繁殖可用分株。

萌点欣赏：

胖乎乎的翠绿小叶片及叶片上深绿色的小颗粒物是品种特色。

萌点欣赏：
修长的叶片及果冻黄的叶色是品种特色。

柳叶莲华

景天科杂交属
（石莲花属与景天属）

Sedeveria Hummellii

长什么样儿： 叶片近似棒型，先端尖，叶背有明显的龙骨，叶色翠绿，叶面覆薄粉，光照充足、温差加大后，叶尖及叶片顶端都会染上靓丽的粉红色。品种极易滋生侧芽。

养护要点： 夏季高温时会短暂休眠，如果环境阴凉也可不休眠，但要减少浇水，越冬时温度不宜低于5℃，低于这个温度要减少浇水，环境温度在15℃左右时植株可正常生长，除了夏季适当庇荫，其他季节都要保证充足光照。繁殖方法可用叶插或砍头茎插。

蓝色天使

景天科杂交属（拟石莲花属与风车草属）

EcheveriaXGraptoveria Fanfare

长什么样儿： 叶片长匙形，极修长，叶端尖，叶色蓝绿，叶面上覆盖着薄薄的白粉，光照充足、温差加大的情况下，叶尖会变成淡淡的粉色，蓝色天使易滋生侧芽。

养护要点： 全年无明显休眠期，夏季植株可正常生长，但需要放在阴凉通风的地方，如果天气闷湿要减少浇水，以免植株徒长厉害，越冬时环境温度在15℃时，植株可正常生长，低于0℃要慢慢减少浇水。繁殖方法可用叶插或砍枝茎插。

萌点欣赏：

细长的蓝绿色叶片所组成的莲座，既显出品种的小巧又有一种别具一格的韵味。

霜之朝

景天科杂交属（风车草属与拟石莲花属）

XPachy veria'Powder Puff '

长什么样儿： 叶片长匙形，叶端较尖，叶片比较肥厚，上面覆盖着厚厚的白粉。光照充足、养护得当时，莲座饱满、叶片瑰丽，整体呈现出淡淡的粉紫色，叶边微红，不论颜色还是品相，都是超美普货之一。

养护要点： 夏季高温时会休眠，休眠期要移至阴凉通风处，逐渐减水至断水，其他季节都很好养。繁殖方法主要是叶插或茎插。

萌点欣赏：

粉紫色的叶片和叶片上厚厚的白粉。

萌点欣赏：
出状态后，橙黄的果冻色超美，绝对是欣赏重点。

马库斯 景天科杂交属
（景天属与拟石莲花属）

Sedeveria Markus

长什么样儿：马库斯莲座不大，相对来说属于小型多肉品种。叶片呈长匙形，没有明显的红尖尖，叶片薄，叶背有凸起的龙骨。缺光时，叶片呈现出嫩嫩的果绿色，只有温差大、光照足才能使叶片泛出橘黄的果冻色。容易滋生侧芽并群生。

养护要点：哪个季节也不难养，但建议入夏前，浇两次多菌灵，将多菌灵和水按比例稀释，选在光照不强、温度不高、有微风的天气浇下。繁殖方法叶插和茎插均可。

萌点欣赏：
　　粉蓝色的厚实叶片和紫红色的叶尖。

奥普林娜
景天科杂交属
（风车草属与石莲花属）

Graptoveria "Opalina"

长什么样儿： 奥普琳娜是卡罗拉和风车草属的杂交品种，在景天科多肉植物中属中型品种，莲座较大。奥普琳娜的叶片呈长匙形，叶面向内凹，叶背有明显的龙骨，叶端稍尖，光照充足时，叶色呈淡淡的粉蓝色，叶表被一层薄薄的白粉覆盖，叶端的尖呈紫红色，甚是迷人。奥普琳娜易长大和群生。

养护要点： 度夏时要移到阴凉通风处，每周给植株喷一些水即可，切勿大水灌溉。冬季温度低于0℃要减少浇水。繁殖方法可用叶插、茎插和分株。

芳香波
番杏科
楠舟属

Stomatium niveum

长什么样儿： 叶片长三棱形，叶端稍尖，叶棱上有突出的尖刺，叶色淡绿至翠绿，叶片对生，春末夏初开花，花形如菊，黄色，香味清淡悠远，极易群生。

养护要点： 夏季高温时短暂休眠，如果环境阴凉通风，也可不休眠，但生长比较缓慢。冬季温度低于5℃便要断水，保持盆土干燥，低于10℃时，便要开始减少浇水，芳香波较不耐寒，越冬时要特别注意保暖。其他季节正常养护。繁殖方法可用茎插。

萌点欣赏：

绿叶黄花，加上沁人心脾的淡淡芳芳，这便是芳香波的特色。

枝干番杏
番杏科
茎干番杏属

Drosanthemum eburneum

长什么样儿： 枝干番杏老茎干棕褐色，新生的茎干绿色，上面覆满细小的绒毛，小小的圆柱形叶片对生，叶片间距比较大，叶片半透明有玻璃般的晶莹质感。容易群生。

养护要点： 夏季会休眠，休眠期要断水遮阴，冬季只要温度不低于5℃，便不会发生冻伤。在养护过程中，要特别注意庇荫，因为枝干番杏怕晒，即便在生长期也是散射光最佳。繁殖方法主要是茎插。

萌点欣赏：

半透明的绿色圆柱形叶片，非常有质感，在光照映衬下显得格外晶莹剔透。

菊晃玉

番杏科
光玉属

Frithia humilis

长什么样儿： 叶片圆柱形，丛生，叶片顶部的截面上有透明的窗或是磨砂形的窗，光照充足时，叶片会泛出一层淡淡的粉紫色。从外形上看，与五十铃玉极其相似，显而易见的区别在于菊晃玉的花朵粉白色，五十铃玉的花朵橘色。易群生。

养护要点： 夏季适当庇荫，放在通风处养护，少浇水，观察到植株缺水可沿盆边喷水。冬季耐0℃以上的低温，15℃可正常浇水。春秋季可接受全日照，但注意光照过强时要适当庇荫，避免晒伤叶片。繁殖方法主要是分株。

萌点欣赏：

　　叶片透明的窗和紫红色的花朵是欣赏重点。

凤鸾

番杏科
对叶花属

Pleiospilos bolusii

长什么样儿： 叶片卵形，对生，叶片正面较平整，叶背有凸出的龙骨，很像三角形，叶色灰绿，叶片上布满很多翡翠色的斑点，新叶会从两片老叶中间长出。

养护要点： 夏季高温时休眠，此时要庇荫减水，保证环境通风，越冬时温度不宜低于5℃，低于这个温度要慢慢减水至断水。凤鸾与生石花一样，都会蜕皮，生石花蜕皮一般在夏季，凤鸾在春季，蜕皮期要尽量少浇水。繁殖方法可用分株或播种。

萌点欣赏：

　　卵圆形厚实的对生叶片，比生石花更像石头。

177

紫晃星

番杏科仙宝属

别名：紫星光

Trichodiadema densum

长什么样儿： 叶片圆棒形，先端尖，顶端金黄色，环绕白色刚毛，叶色深绿，叶面光滑，叶片上密布黑绿色的颗粒物。植株易丛生。夏季开花，花钟形，花瓣细小舌形，花色紫红，但需注意的是，要想让紫晃星开花，环境光照必须充足，如果过于荫蔽，植株无法开花。

养护要点： 夏季不休眠，但在正午时要庇荫，要保证生长环境通风良好，高温高湿的日子要注意减少浇水，越冬温度不可低于10℃，低于这个温度要慢慢减少浇水，避免发生冻伤。繁殖方法主要是茎插。

萌点欣赏：

植株群生后，叶尖的金黄色毛刺如同点点繁星，奇趣可爱。

白凤菊

番杏科覆盆花属

别名：姬鹿角

Oscularia pedunculate

长什么样儿： 叶片呈三角楔形，有明显的叶边，且叶片边缘有微刺，不如鹿角海棠那般圆滚，叶边红，叶片对生于茎干两边，茎干较软，会匍匐生长。春末夏初开花，花色淡紫，成丛盛开，景色很是壮观。

养护要点： 四季养护都不难，度夏时只需庇荫，如通风好可正常浇水，通风环境差可少浇些水。繁殖方法主要是茎插。

萌点欣赏：

初夏盛开粉紫色的小花，很具观赏价值。

双剑
番杏科
虾钳花属

Cheiridopsis marlothii

长什么样儿： 叶片细长筒状，叶端岔开生出两个尖角，叶背滚圆，叶面平滑，叶片对生，叶色翠绿。品种极易群生。

养护要点： 夏季高温时休眠，此时需要将植株移到阴凉通风处，减少浇水或适时断水。冬季可耐5℃以上的低温，低于5℃则要断水警惕冻伤，环境温度在15℃左右植株可正常生长。繁殖方法主要是播种。

萌点欣赏：

　　单片的叶子像鹿角，但对生的双片叶子则如双剑。

金铃
番杏科
银叶花属

Argyroderma delaetii

长什么样儿： 叶片半卵形，对生，基部连接，上面分开，叶面光滑无粉，叶色淡绿，或淡淡灰绿色，秋季开花，花从两片叶子中间生出，花色有白、黄、粉等不同颜色。

养护要点： 夏季只要温度持续高于30℃，植株就会慢慢进入休眠状态，此时要将植株移到阴凉通风处，尽量减少浇水，如果空气过于干燥，可沿着盆边少量喷水。越冬温度最好保持在0℃以上，低于0℃要慢慢断水，繁殖多用播种。

萌点欣赏：

　　光滑的半卵形对生叶片肉质可爱，没有靓丽的颜色，没有特殊的纹路，没有特色便是金铃最大的特点。

鲸波

番杏科
肉黄菊属

Faucaria bosscheana

长什么样儿： 叶片三角形，对生，叶背圆，叶边有少许的锯齿，有些偶有尖刺，叶片深绿色，叶缘白色。容易群生。

养护要点： 夏季休眠，要将植株放在阴凉通风处，减少浇水，如果发现植株过于干瘪，缺水严重，可沿盆边少量浇水，或在傍晚给植株喷雾。越冬温度最好保持在15℃左右，这样植株可缓慢生长，若温度低于0℃，则需要适当控水，警惕冻伤。繁殖方法多为分株。

萌点欣赏：
叶缘明显的白边是品种特色，叶片正面偶生有锯齿，两片正对的叶子很像虎鲸张开的大嘴巴。

四海波

番杏科肉黄菊属
别名：**虎钳草**

Faucaria tigrina

长什么样儿： 叶片三角形，肉质厚实，叶背有凸起的龙骨，叶片边缘有锯齿状的粗纤维毛，叶片对生，形似张开的鲨鱼嘴，叶色深绿。品种极易滋生侧芽。

养护要点： 夏季高温时休眠，此时要将植株移到阴凉通风处，减少浇水并适时断水，发现叶片缺水干瘪时，可给植株喷雾。越冬温度不可低于3℃，否则易发生冻伤，当环境温度保持在10℃以上时，品种可缓慢生长。繁殖方法为分株。

萌点欣赏：
对生的翠绿叶片好似鲨鱼张开的大嘴巴，叶边的锯齿状长刺则是嘴边的尖牙。

鹿角海棠

番杏科鹿角海棠属

别名：熏波菊

Astridia velutina

长什么样儿：叶片三棱形，先端圆滚，对生于茎干两侧，叶色翠绿。初夏时开花，花有白色、黄色、粉色等。易木质化和滋生侧枝。

养护要点：夏季只要放在庇荫、通风好的环境中，也是可以正常浇水的，只是不要将浇水时间选在正午最热时，其他季节可根据植株状态浇水，一发现叶片干瘪便可以浇水。繁殖方法可用茎插。

萌点欣赏：

如鹿角一般可爱厚实的叶片很具萌感，当杆子长成后可作垂挂植株装饰居室。

快刀乱麻

番杏科
快刀乱麻属

Rhombophyllum nelii

长什么样儿：叶片对生，叶面平整光滑，叶背较扁，有凸起的龙骨线，叶端裂开，叶片外侧扁平，呈圆弧形，从外侧看像刀片，所以称快刀乱麻，叶色深绿或淡绿。极易丛生。

养护要点：夏季高温时会休眠，此时要将植株移到阴凉通风处，适当减少浇水。越冬时可耐0℃以上低温，低于这个温度要减少浇水至断水，环境温度保持在15℃以上时，植株可正常生长。除了夏季庇半荫，其他季节都要保证充足光照。繁殖方法为砍侧枝茎插。

萌点欣赏：

叶片外侧薄而凸起，好似锋利的刀刀。

181

萌点欣赏：
叶片形状及花纹的丰富多样，花色的繁多是此属品种的特色。

肉锥花
番杏科
肉锥花属

长什么样儿： 肉锥花像生石花一样，有个庞大的族群，它们拥有很多个品种，譬如勋章玉、灯泡、少将等都是肉锥花属中的著名品种。肉锥花的叶片多为对生，叶形有圆锥形、球形，叶面花纹繁多，叶色也因品种不同而有稍许差异。花有紫红色、白色、黄色、粉红色等多种。此类品种非常容易群生。

养护要点： 夏季高温时会休眠，肉锥花的休眠状态非常容易辨识，它在高温的条件下会显得蔫瘪，且完全没有生长迹象，此时要将植株移到阴凉通风处，在天气过于干燥时，可沿盆边少量给水。不必担心休眠期肉锥花的状态，因为秋凉正常浇水后，植株很快会恢复生机。越冬时可耐5℃左右低温，但处于这个温度条件下要减水至断水，当环境温度在15℃以上时，植株可缓慢生长。繁殖方法多为播种。

少将　番杏科
　　　　肉锥花属

Conophytum bilobum

长什么样儿：植株叶片整体看起来是心形的，但中间裂开，单独叶片则很像耳朵形状，叶片肉质厚实，基部圆滚，越往上越薄，叶边红色，叶面光滑无粉，叶色淡绿至灰绿。秋天时会从两叶片中缝滋生出花蕾，开黄色或淡紫色小花。植株易群生。

养护要点：夏季休眠，休眠期要注意移至阴凉通风处，减少浇水或断水，入秋后会缓慢恢复生机。越冬温度不可低于0℃，低于这个温度易发生冻伤。繁殖方法主要是分株或播种。

生石花

番杏科
生石花属

别名：石头花

萌点欣赏：
叶面上丰富多彩的纹路及颜色是品种特色。

长什么样儿： 叶片呈倒圆锥体，从中间分开，叶片对生，因品种不同叶面上的花纹也不同，秋冬季开花，花键从对生叶片中缝中滋生出，花有很多颜色。

养护要点： 夏季高温时休眠，此时要将植株移到庇荫通风处，减少浇水或断水，避免雨淋。越冬时可耐0℃以上低温，但处于这个温度的环境中，要给植株断水，当环境温度在10℃以上时，品种可缓慢生长。繁殖方法为播种或分株。

五十玲玉
番杏科棒叶花属

别名：橙黄棒叶花

Fenestraria aurantiaca

长什么样儿： 叶片圆柱形，底部细，上部稍粗，叶端圆钝，叶色翠绿，窗透明，秋冬季开橙黄色小花，花菊形，品种易滋生侧芽。

养护要点： 夏季高温时休眠，此时要庇荫断水，保持环境通风良好，五十铃玉在休眠时对水分非常敏感，稍微多一些水都会使植株根系腐烂，以致植株夭折，所以必须断水，即便叶片干瘪也不可浇水。休眠期结束，恢复浇水后，叶片可恢复往常的翠绿圆滚。越冬时可耐3℃以上低温，环境温度在15℃左右时品种可缓慢生长。繁殖方法为分株。

黄花照波

番杏科照波属
别名：仙女花

Bergeranthus multiceps

长什么样儿： 叶片修长三角形，叶面光滑，叶背有个光滑的弧度，先端尖，叶色深绿。夏季开花，花朵形状类似野菊花，花黄色。品种极易群生。

养护要点： 夏季高温时短暂休眠，如果环境阴凉通风，植株可缓慢生长，但夏季需要减少浇水，除了正午光照强烈时庇荫，其他时间最好给予光照，否则株型会变松散，开花颜色也会变暗淡。黄花照波不耐寒，越冬时温度低于5℃植株就会进入休眠期，温度保持在15℃以上植株可缓慢生长。繁殖方法多为分株。

萌点欣赏：

黄花照波在闷热的夏季，有很长的花期，当其他植物被烈日炙烤得奄奄一息时，傍晚时分，黄花照波总能开出一丛丛如小菊花一样的黄色花朵，明亮又耀眼，这便是品种的欣赏重点。

雷童

番杏科露子花属
别名：刺叶露子花

Delosperma echinatum

长什么样儿： 雷童植株呈灌木状，有很多分枝，嫩枝绿色，老枝浅灰褐色。叶片卵圆形，很像鸡蛋，叶片上长满白色透明的小刺，叶片对生于茎干上，花生于叶腋间，花有白色或浅黄色。易群生。

养护要点： 夏季不会休眠，正午时适当庇荫，如果植株已经适应强光环境，也可以不庇荫，但度夏环境必须通风良好，可在早晚两个时间段内浇水，要避免淋雨，越冬环境不低于10℃可正常生长。繁殖方法可用茎插，极易成活。

萌点欣赏：

圆滚的小叶片上满布尖刺，像极了一个个内心柔软却外在强硬的呛姑娘。

萌点欣赏：
Bijlia dilatata的叶片棱角分明，叶片表面布满通透的疣点，没有鸾凤玉那般刚毅，也不像花锦那样精巧，但刚好结合了二者的优点，极具欣赏价值。

Bijlia dilatata

番杏科
Bijlia属

长什么样儿： 叶片对生，叶形长卵形，也有点儿像三角形，叶片背面有极突出的龙骨，叶边和叶背的龙骨比较硬，叶片上布满通透的深绿色疣点，叶片上覆薄粉，光照充足时叶边会变成粉红色。易群生。

养护要点： 夏季高温时休眠，要移到阴凉通风处，尽量不浇水，因为荫蔽的环境下，一旦水多会引发徒长，如果发现叶片特别干瘪，可沿着盆边浇一些水，避免雨淋。越冬温度最好不要低于0℃，0℃以下时要断水，10℃以上可缓慢生长。其实，番杏科的五十铃玉和生石花等都与Bijlia dilatata有相同的生长习性，如果能把生石花或五十铃玉养得很好，那Bijlia dilatata就不会成问题。繁殖方法主要是分株。

187

麒麟掌

大戟科大戟属

别名： 玉麒麟

Euphorbia neriifolia var.cristata

长什么样儿： 茎粗壮肉质，形如鸡冠，茎面上有不规则的竖棱，棱上有白色凸点，茎边缘有褶皱，叶片长卵形，革质，茎和叶均翠绿色。

养护要点： 夏季是生长旺季，放在具有柔和散射光的位置，保持环境通风，给适当肥水。越冬温度最好不要低于10℃，低于这个温度植株会进入休眠期，此时要断水，保证光照充足。繁殖方法主要是茎插。需注意，麒麟掌茎中白色汁液有毒，如不慎碰破茎干，需小心不要沾到毒液。

萌点欣赏：

麒麟掌有厚实的肉质茎，其形如鸡冠花状，硕大翠绿，如翡翠屏风。

银角珊瑚

大戟科大戟属

别名： 银角麒麟

Euphorbia stenoclada

长什么样儿： 茎干粗壮，深绿色或褐绿色，有很多分枝，叶似羽毛状，叶端尖，质地坚硬，叶色浅绿，说是叶片，其实更像是枝条上长满尖刺。成株株高会达到1米以上。

养护要点： 夏季正常生长，但需要稍庇荫，少浇水，保持环境通风良好。越冬温度不可低于15℃，否则易发生冻伤。相比较其他大戟科植物，银角珊瑚对肥料的需求较多，在生长期要每月施一次薄肥。繁殖方法主要是茎插。

萌点欣赏：

近看植株有很多分枝，远观则像长满刺的狼牙棒，也像由雪花雪水构成的冰凌树，模样很奇特。

华烛麒麟

大戟科大戟属

别名：蛮烛台

Euphorbia candelabrum

长什么样儿： 株高在20厘米左右，茎干柱形，分4~5个棱，棱边缘上有比较深的齿状脊，每个脊上生一对短小的黑灰色尖刺和小叶片。

养护要点： 四季都能正常生长，夏季适当庇荫，保证环境通风，在阴雨高湿的天气里要断水，冬季如果温度低于5℃要断水。华烛麒麟是比较耐干旱的品种，不可浇水过多。繁殖方法主要用茎插。

萌点欣赏：

　　棱角分明的茎干很像摆放蜡烛的烛台，这是主要特点，也是名字的由来。

铜绿麒麟

大戟科
大戟属

Euphorbia aeruginosa

长什么样儿： 茎干修长柱形，上面长满褐色的尖刺，茎干外皮灰绿色。春季时，会在相邻的刺座间滋生出小花蕾，开黄色小花。

养护要点： 夏季不休眠，但要稍微庇荫，适当减少浇水，阳光直晒的情况下，茎条会变干瘪。越冬时一旦温度低于10℃，植株便进入休眠状态，此时要断水，避免冻伤。繁殖方法主要是分枝扦插。

萌点欣赏：

　　长圆的茎干上长满尖刺，形如狼牙棒。

大戟

大戟科大戟属

别名： 京大戟

Euphorbia pekinensis

长什么样儿： 茎干绿色，叶片互生于茎干周围，叶披针形，极修长狭窄，叶端稍尖，叶片中间有白色叶脉，叶色翠绿或淡绿。品种易滋生侧枝。

养护要点： 几乎可以全年生长，夏季稍庇荫，如果空气潮湿，可适当减少浇水，若空气干燥，可给植株喷雾。越冬时温度不宜低于5℃，当环境温度在2℃左右时，植株会进入半休眠状态，此时要断水，环境温度在15℃时品种可正常生长。繁殖方法主要是茎插。

萌点欣赏：

披针形的翠绿长叶给人清新之感，尤其是丛生后苍翠碧绿一片，放在室内是观叶植物的上佳之选。

红彩云阁

大戟科
大戟属

Euphorbia trigona 'Rubra'

长什么样儿： 茎干呈三棱柱形或四棱柱形，每一条棱上都有规则的凸起和尖刺，茎面深绿色，上面有白色的纹路，棱上凸起处长有椭圆形的小叶，叶片绿色至褐红色。品种易滋生侧枝。

养护要点： 夏季需将植株移到阴凉通风处，如果天气潮湿，可适当减少浇水，但夏季会正常生长。冬季低温时休眠，环境温度低于5℃要减少浇水或断水，环境温度保持在15℃以上植株可缓慢生长。繁殖方法主要用茎插。

萌点欣赏：

茎干上的白色纹路及褐红色的叶片是品种特色。

190

萌点欣赏：
　　光秃秃的翠绿茎干，既没花又没叶，这是光棍树的特点也是欣赏重点，俗话说没有特点是最好的特点，光棍树要比其他花花叶叶繁多的肉肉们更加好打理，这是名副其实的懒人植物。

光棍树
大戟科大戟属
别名：铅笔树、绿珊瑚、牛奶树

Euphorbia tirucalli

长什么样儿： 茎干直立，老茎灰绿色，嫩茎翠绿色，每一节茎干的顶部都可能分出新的茎干，嫩茎的顶部偶尔出现对生的卵圆形绿色小叶片，易长高长大。光棍树的茎干被割破后会流出像"牛奶"一样的白色乳汁状液体，据说这白色液体可以制造石油。

养护要点： 没有明显的休眠期，比较耐旱，夏季幼小的植株需要适当庇荫，露地栽培的高大成株则不需要，在南方的热带或亚热带城市中，能经常见到高大的光棍树作为城市绿化树木，它们既不畏惧骄阳的炙烤，也可耐干旱。冬季可以耐5℃以上低温，繁殖方法主要是茎插。

世蟹丸

大戟科
大戟属

Euphorbia pulvinata

长什么样儿：茎干球形，茎面上有7条凸起的棱，棱上生有褐色长尖刺，刺间有细小的淡绿舌状叶，老球茎茎面灰绿色，新球茎茎面颜色浅一些。品种易滋生侧芽。

养护要点：夏季如果环境阴凉，植株可以正常生长，但要适当减少浇水，空气过于干燥时可给植株喷雾。越冬温度如果低于5℃，植株会进入休眠状态，环境温度保持在15℃左右时，植株可缓慢生长。繁殖方法主要用分株或播种。

萌点欣赏：

棱上褐色长尖刺是品种特色。

春峰

大戟科大戟属

别名：帝锦缀化

Euphorbia lacteal f.cristata

长什么样儿：茎扁平弯曲成山峰状，也像鸡冠，幼株会平直生长，老株会弯曲着重叠生长。茎面翠绿色，茎顶粉红色。

养护要点：夏季高温时适当庇荫，同时要保证良好的通风环境，春峰较耐干旱，尤其是在高温高湿的季节，要减少浇水。越冬时环境温度不宜低于10℃，低于这个温度要慢慢减水直至断水，除了夏季适当庇荫，其他时间都要保证充足光照。繁殖方法主要用嫁接，但嫁接后就会变成新的品种。

萌点欣赏：

春峰的株型既像层峦叠嶂的山峰，又像鸡冠，虽然没有春峰锦那样靓丽的颜色，外形却也非常奇特。

红彩阁 大戟科大戟属

别名：火麒麟

Euphorbia enopla Boiss.var.enopla

长什么样儿： 茎干圆筒形，茎面上分布着6条竖棱，棱上排生尖刺，刺间生有绿色的小叶，茎面翠绿色，会从茎基部滋生侧芽。

养护要点： 无明显休眠期，但夏季要将植株移到阴凉通风处，如果天气阴湿，要减少浇水，环境温度持续高于35℃时，植株的生长速度会减慢。越冬时可耐5℃以下的低温，当环境温度低于0℃时，要完全断水，环境温度保持在15℃左右，植株可正常生长。繁殖方法主要为砍侧枝茎插。

萌点欣赏：

虽叫红彩阁，但模样更像一个个排列紧密的滚圆小棒槌。

琉璃晃 大戟科 大戟属

Euphorbia susannae

长什么样儿： 茎干呈圆球形或筒形，茎上排列着尖刺状，或可以称为锥状的疣突，淡黄色的筒状小花生于每个疣突之间。品种比较容易滋生侧芽，群生后欣赏价值会更高。

养护要点： 夏季适当庇荫，阴湿天气断水，要保证环境通风良好。越冬时环境温度不可低于5℃，以免发生冻伤，环境温度保持在15℃以上时，品种可正常生长。繁殖方法主要是砍头茎插。

萌点欣赏：

开花时，黄绿色的小花与翠绿色的圆茎相映成趣，无花时，欣赏重点则在于那一个个排列紧密的尖刺状突起。

虎刺梅

大戟科大戟属

别名：铁海棠

Euphorbia milii

长什么样儿： 茎干灰褐色，茎上有刺，叶片卵圆形，先端尖，花有单生，也有成簇生长，花朵很小，苞片有黄色、粉红色、深红色，冬春季节开花。

养护要点： 夏季不休眠，但需要适当庇荫，在通风良好的环境中，可每天浇水，但阴雨天要注意避免盆土积水。越冬温度最好保持在15℃以上，如果低于10℃，植株生长变缓慢，甚至进入休眠状态。虎刺梅在孕蕾期需要充足光照，除了盛夏光照强烈时适当庇荫外，其他时间都需要充足光照。繁殖方法多用茎插。

萌点欣赏：

以观叶或观茎为主的多肉植物中，偶尔出现几个观花的植物，那么花朵便是这个植物的特色，虎刺梅就是其中之一。

皱叶麒麟

大戟科
大戟属

Euphorbia decaryi

长什么样儿： 叶片长椭圆形，叶边向上皱缩，边缘呈波浪状，新叶嫩绿色，老叶褐绿色，叶片轮生在茎干周围，随着新叶的生长，茎基部的老叶会枯萎脱落。

养护要点： 春夏秋三季生长，夏季适当庇荫，但不可以完全没有光照，冬季放在室内阳光充足处，慢慢减少浇水，使其进入休眠期，繁殖皱叶麒麟可用分株法，在春节换盆时进行。

萌点欣赏：

当它们休眠后，完全跟石头大地融成一色，休眠期后却又能郁郁葱葱，很有"一岁一枯荣"的坚韧精神。

春峰锦

大戟科
大戟属

Euphorbia lacteal f.cristata 'Varegata'

长什么样儿： 茎扁平，褶皱成波浪状，茎面上有一些纵向的凸起纹路，从外形上看，春峰锦与鸡冠花很相似，不同点是鸡冠花的花冠比较平滑，而春峰锦茎顶部有褶皱，茎面颜色为淡绿至黄绿色，边缘粉红色。

养护要点： 夏季高温时要适当庇荫，保持环境通风良好，减少浇水并避免雨淋，温度过高时，可给植株喷雾，越冬温度保持在10℃以上，植株可正常生长。繁殖方法主要是嫁接，但成活后会成为一个全新的品种。

萌点欣赏：

株型很像鸡冠花，也很像层恋叠嶂的山峰，却比鸡冠花或山峰具有更丰富的色彩变化。

白角麒麟

大戟科大戟属

别名：龙骨木

Euphorbia resinifera

长什么样儿： 茎干呈圆柱形，茎面上分布着四条棱，棱上满布刺座，刺座上生有白色短绒毛，茎面深绿色或灰绿色。品种易群生。

养护要点： 夏季高温时也可以正常生长，但需要将植株移到阴凉通风处。白角麒麟不太喜水湿，但盆土过于干旱也会使植株生长不佳，在炎热的夏季，要在早晚给水。越冬时温度最好保持在15℃以上，这样植株可以缓慢生长，如果环境温度低于5℃，应果断断水，并将植株移到温暖处。繁殖方法主要为分株和茎插。

萌点欣赏：

四棱柱形的茎干，及棱上的白色短绒毛刺座是品种特色。

萌点欣赏：
富有野趣的外形是筒叶麒麟的欣赏重点。

筒叶麒麟

大戟科
大戟属

Euphorbia cylindrifolia

长什么样儿 筒叶麒麟有肥大的块状茎，近圆形或卵圆形，上面有龟裂的痕迹。分枝从块状茎上滋生出来，叶片生于枝杈周围，幼枝直立生长，老枝匍匐生长。叶片细长，先端尖，两边向内卷曲成筒状。易群生。

养护要点 度夏和越冬都不难，但在这两个时期都要严格控水。夏季控水是预防根茎黑腐，冬季控水是警惕冻伤。夏季要适当庇荫，保持生长环境通风良好。春秋冬三季都要有充足的光照，否则叶间距拉长，影响植株美观。繁殖方法可用茎插。

布纹球 大戟科大朝属

别名：晃玉

Euphoria obesa

长什么样儿：植株呈球形，球面上有8条竖棱，棱间距分布均匀，棱上有深褐色的小锯齿，球面上横生着很多淡黄色的条纹，球面灰绿色，但光照充足、温差加大后，球面会变成淡淡的红褐色，生长比较缓慢，圆球直径最大可到10厘米以上。

养护要点：闷热的夏季和寒冷的冬季都要少浇水或断水，四季都不宜直接接受光照，春季和秋季可适当多浇一点儿水，但不可使盆土积水。布纹球是雌雄异株的品种，如果家里只有一株，那么很难繁殖，植株生长到四五年就慢慢老化了，球面的颜色会失去光泽。

萌点欣赏：

　　圆球上有规则的竖棱，球面上纹路清晰，大戟科的植物多半棱角分明，强劲有力，布纹球却有一些可爱圆润的感觉存在。

斑叶红雀珊瑚 大戟科 白雀珊瑚属

Pedilanthus tithymaloides 'Variegata'

长什么样儿：茎干深绿色，叶片长椭圆形，先端尖，互生，叶色深绿或翠绿，叶片上有明显的叶纹，叶边有白色或浅粉色的斑纹。

养护要点：全年无明显休眠期，夏季适当庇荫，如果环境通风良好可正常浇水，在半阴的条件下，叶边的斑纹多呈现白色，在增加光照的情况下，叶边斑纹会转成浅粉色。越冬时可耐5℃左右低温，当环境温度保持在15℃左右时，植株可正常生长。繁殖方法为播种或茎插。

萌点欣赏：

　　绿叶上白色或浅粉色的斑纹是品种欣赏重点。

197

萌点欣赏：
　　挺拔的株型和线型的叶片非常有相得益彰的感觉，粗犷中蕴含细腻，而且，非洲霸王树是净化高手，可以使居室环境更清洁。

非洲霸王树

夹竹桃科
棒棰树属

Pachypodium lamerei Drake

长什么样儿： 茎干圆柱形，极粗壮，茎上密生3枚一簇的褐色尖刺，茎顶部丛生叶片，叶片近广线形，叶端尖，叶色翠绿，叶丛中滋生花蕾，花白色，花型与夹竹桃花相似。

养护要点： 春夏秋三季生长，如果是幼苗，夏季稍庇荫，成株可直晒，非洲霸王树耐旱，所以不必浇水过多。越冬时植株会休眠，此时要断水，但环境温度仍需保持在10℃以上，因为非洲霸王树的抗冻性较差。繁殖方法主要是分侧枝扦插。

白马城
夹竹桃科
棒棰树属

Pachypodium saundersii

长什么样儿： 白马城有粗壮的地上茎，茎上多分枝，分枝上尖锐的长刺，叶片自刺间生长，绿叶卵圆形，叶边向内卷曲。每年秋季开花，花簇生于分枝顶端，花型似风车，花色淡粉或白色。

养护要点： 夏季高温时要适当庇荫，可正常浇水，但要避免雨淋，越冬温度不可低于5℃，如果温度过低，枝干上的叶片会掉落，此时要断水，等第二年春天叶片会重新萌生出来。春秋是主要生长季，要保证肥水充足。繁殖方法主要用茎插。

萌点欣赏：

花开后，淡粉色的花朵，似风车的花型，便是白马城的特色。

沙漠玫瑰
夹竹桃科沙漠玫瑰属

别名： 天宝花

Adenium obesum

长什么样儿： 茎干粗壮，有灰白色的树皮，茎干的底部极宽大，越向上越纤细，上部茎干处长着倒卵形的绿色叶片。花钟形，有5片花瓣，花朵筒心内白色，外围花瓣暗红色或粉红色，也有白色。

养护要点： 一年四季都需要全日照，即便在紫外线超强的夏季，也可不庇荫，但要减少浇水，冬季要保证环境温度在10℃以上，低于这个温度会落叶。繁殖方法可用茎插或播种。

萌点欣赏：

在欣赏肉质茎叶的多肉植物中，沙漠玫瑰是少数欣赏花朵的，那或嫣红，或粉红的花朵盛开时一片繁华，让人心情豁然开朗。

萌点欣赏：
　　起初是深绿色的茎干，然后是洁白清香的花朵，最后会结出硕大清甜的火龙果，如果有一种多肉既有观赏价值还能大口食用，那一定是火龙果。

火龙果
仙人掌科三角柱属
别名：红龙果

Hylocereusundatus

长什么样儿： 茎干三棱形，棱上有波浪形缺刻，易滋生侧枝，夏季时会盛开硕大而清香的花朵，花形似昙花，花谢后结果，果实外皮紫红色，果瓤白色带有黑色种子，清甜爽口，营养价值极高。

养护要点： 植株生长快，所以要选择大一些的容器，选用疏松、透水、透气好的介质，且要肥力足，生长期干透浇透。结果多少，结果甜不甜，绝大部分取决于肥力，因此上盆时要施足粪肥，每年春季时要追肥充足。越冬时要注意保暖，低于5℃要断水。繁殖方法主要用播种和茎插。

美花角

仙人掌科
鹿角柱属

Echinocereus pentalophus

长什么样儿：茎干长柱形，有5棱或6棱，灰白色的长刺生于棱上，通体深绿色，夏季开花，花生于茎干顶端，花大，花瓣呈长舌形，花蕊黄色，花瓣玫红色。

养护要点：夏季是生长季，要保证水分充足，光照强烈时适当庇荫，同样要保证环境通风良好，冬季温度不要低于5℃，0℃以下要断水。除了夏季适当庇荫外，其他季节都要保证充足光照。繁殖方法主要是嫁接或播种。

萌点欣赏：

　　玫红色的大花靓丽多姿，而且花期很长，在绿色多刺的仙人掌植物中，观花的美花角别具一格。

白云阁

仙人掌科
摩天柱属

Pachycereus marginatus(DC.)Britton & Rose 1909

长什么样儿：茎干四棱柱形，棱上有灰白色的短刺，两棱之间有条凹线，茎干深绿色，易丛生。

养护要点：夏季高温闷热时减少浇水，白云阁较耐旱，正午时适当庇荫，冬季休眠，此时要完全断水，并保证环境温度不会低于5℃。繁殖方法可用分株。

萌点欣赏：

　　粗壮的茎干，挺拔的姿态，使白云阁看起来有卫兵的气势。

201

万重山
仙人掌科仙人柱属
别名：山影

长什么样儿：茎干圆柱形，柱上有四条棱，棱上分布着许多刺座，上面长满细小的短毛刺，刺白色。易滋生侧芽。

养护要点：夏季正常生长，但要适当庇荫，减少浇水，避免雨淋。越冬时温度不宜低于5℃，否则易发生冻伤。繁殖方法可用分株。

萌点欣赏：

　　纤长的四棱柱翠绿晶莹，滋生出的层层叠叠的侧芽如同层峦叠嶂的山峰，确实名副其实。

子孙球
仙人掌科子孙球属
别名：宝山
Rebutia minuscula

长什么样儿：球圆形或长圆形，球面上排列着螺旋状的疣突，疣突顶端生有灰白色的短刺，品种极易从基部滋生小球，遂称子孙球，春季会开红色漏斗状小花，非常艳丽。

养护要点：没有非常明显的休眠期，但越冬温度如果低于10℃，植株会进入休眠期，夏季生长旺盛，要将植株放在半阴、通风好的地方。阴湿天少浇水，以免植株感染病菌黑腐。繁殖方法可用分株或茎插。

萌点欣赏：

　　长圆形或圆形的小球由基部生出，如层峦叠嶂的小山包。

满月
仙人掌科
乳突球属

Mammillaria candida var.rosea

长什么样儿：茎扁圆形或圆球形，顶部较平，球面绿色，疣突圆柱形，呈螺旋状排列，刺座着生周围刺50枚，白色刺尖红色，中刺8~12枚。

养护要点：春夏秋三季生长，除了夏季适当庇荫和减水外，其他时间正常管理，越冬温度不可低于0℃，低于这个温度要断水。生长期每月施一次稀薄腐熟肥水。繁殖可用分株。

萌点欣赏：

圆形的茎干以及茎上白色的尖刺是品种特色。

金手指
仙人掌科乳突球属
别名：黄金司

Mammillaria elongate var.intertexta

长什么样儿：茎干圆筒形，如手指状，外皮淡绿色，茎上密布金黄色刺座，每个刺座周围都着生15枚左右小刺，小刺贴茎生长，黄白色。植株多年生后会群生。

养护要点：夏季要放在庇荫通风好的地方，适当减少浇水，如果环境适宜，植株可以正常生长，越冬时温度不宜低于10℃，当温度在5℃以下时要断水，并放到温暖处保温，除了夏季需要适当庇荫，其他季节都应保证充足光照。繁殖方法主要是分株。

萌点欣赏：

如手指般的外形，加上茎干上金黄色的长刺，故名金手指。

白毛掌

仙人掌科仙人掌属

别名：白桃扇

Opuntia microdasys var.albispina

长什么样儿：植株比较小，茎节呈椭圆形，茎上生长着很多刺座，刺座上有白色钩毛，相比较黄毛掌而言，白毛掌上的刺座并不算多。夏季开花，花朵黄白色。

养护要点：四季均可生长，夏季适当庇荫即可，但要保证环境通风良好。越冬时温度不宜低于5℃，除了夏季正午庇荫，其他时间最好都有充足光照，白毛掌属是仙人掌科植物，仙人掌都比较耐旱，所以即便生长旺季也不必过多浇水。繁殖方法可用茎插。

萌点欣赏：

叶片上的密实短小绒毛是品种特色。

黄毛掌

仙人掌科
仙人掌属

Opuntia microdasys

长什么样儿：茎节扁圆形，上面满布刺座，绒刺金黄色，短小，品种容易滋生侧芽，夏季开花，花朵淡淡橙黄色，呈漏斗状。

养护要点：黄毛掌管理超级简单，夏季正常生长，但需稍微庇荫，冬季能耐5℃以上低温，不可低于5℃，春秋冬三季要保证充足光照，沙质土壤对植株生长最为有利。繁殖方法为茎插。

萌点欣赏：

茎干上金黄色的短小绒刺是欣赏重点，远观好像毛茸茸的小手掌。

金晃

仙人掌科南国玉属

别名： 黄翁

Notocactus leninghausii

长什么样儿： 茎干球形或圆柱形，茎上有30多条棱，每条棱上都生有白色棉毛的刺座，刺座上生着淡黄色或金黄色的长刺，夏季时开花，花漏斗状，呈亮黄色。

养护要点： 全年无明显休眠期，但盛夏时需要适当庇荫和减少浇水，并保持环境通风良好，越冬时可耐5℃左右低温，当温度低于5℃时植株要断水，环境温度在15℃左右时，植株可正常生长。繁殖方法有茎插、播种或分株。

萌点欣赏：

茎干周身密布淡黄色或金黄色的长刺，金晃的名字便由此而来。

金琥

仙人掌科金琥属

别名： 象牙球

Goldenbarrel

长什么样儿： 茎圆球形，球面上有多条竖脊，脊上密生金黄色长刺，刺座中心有黄色短绒毛，球茎多单生，最大直径可达到80厘米以上。

养护要点： 夏季庇荫减水，保证环境通风良好，只要环境温度不持续高于35℃，植株都可以正常生长，越冬温度不能低于5℃，低于这个温度要断水，温度在10℃以下时，要减少浇水，此时植株处于半休眠期。繁殖方法有茎插或播种。

萌点欣赏：

硕大的刺座及看起来十分劲爆的长刺是金琥的特色。

大祥冠

仙人掌科
菠萝球属

Coryphantha poselgeriana

长什么样儿：茎干圆球形或圆筒形，上面满布棱状疣突，每一个疣突上都长有刺座，具黑褐色长刺6~8枚，茎深蓝绿色，夏季开白色小花。

养护要点：夏季要适当庇荫，减少浇水，保持环境通风良好，春夏秋为主要生长季，冬季寒冷时休眠，此时要断水，将植株放在光照充足处。繁殖多用播种。

萌点欣赏：

　　球茎上黑褐色尖刺和白色小花是欣赏重点。

光琳球

仙人掌科
裸萼球属

Gymnocalycium cardenasianum

长什么样儿：茎呈圆球形或扁圆形，上面有凸面较低的棱，每个疣突的棱不尽相同，多在9~12°之间，长刺褐色或灰白色，弯曲着贴球面生长，刺与刺之间相互交错，将黑绿色的球体包裹严密。

养护要点：夏季适当庇荫，阴雨潮湿的天气里减少浇水，保持环境通风，越冬时温度不宜低于5℃，在5℃左右时就要慢慢减水至断水，环境温度在15℃左右时品种可正常生长，春秋冬三季需全日照。繁殖方法多为播种。

萌点欣赏：

　　光琳球的长刺骇人，弯曲得几乎贴着球面生长，刺与刺之间相互交织，根本没有触碰的地方，让人产生远远的距离感。

四角鸾凤玉
仙人掌科
星球属

Astrophytum myriostigma var quadricostatum

长什么样儿：植株无叶，茎半圆形，茎上有4棱，茎表面深绿色，上面布满白色的圆点。

养护要点：温暖的时节生长，夏季适当庇荫，阴雨天避免浇水，到了秋冬寒冷季节，要减少浇水或断水。生长期接受充足散射光。繁殖方法主要是扦插。

萌点欣赏：

圆滚丰满的株型及植株上凸出的四棱是品种特色。

龟甲牡丹
仙人掌科
岩牡丹属

Ariocarpus fissuratus

长什么样儿：茎干呈倒圆锥形，上面生有三角形的疣突，疣突的先端尖，表皮灰绿色，皱裂成不规则的纹路，纹路间生有短绒毛。

养护要点：夏季高温时要将植株放在阴凉通风处，且要保证一定的环境湿度，但不可以接受阳光直射，否则会灼伤球体，越冬时温度不可低于5℃，低于这个温度要慢慢减水至断水，除了夏季适当庇荫，其他季节都要接受充足的散射光。家庭繁殖龟甲牡丹非常困难。

萌点欣赏：

龟甲牡丹有着看似无比坚硬的外表，所以它又被称为生命的岩石，可能它不比那些颜色绚丽、模样呆萌的肉肉可爱，但龟甲牡丹却是强大生命力的象征。

琉璃殿

百合科十二卷属

别名：旋叶鹰爪草

Haworthia limifolia

长什么样儿： 叶片卵圆三角形，基部宽厚，叶端有个急尖，叶面上有条纹状的凸起，叶色翠绿至灰绿，叶片会朝着同一个方向旋转生长，这个特征在幼小植株身上体现不明显，但在成株身上体现非常明显。品种易滋生侧芽。

养护要点： 夏季适当庇荫并减少浇水，要保持环境通风，越冬时温度不宜低于5℃，低于这个温度易发生冻伤，春秋时可正常管理，但光照最好是散射光，阳光直射容易晒伤叶片。繁殖方法主要用叶插或分株。

萌点欣赏：

　　琉璃殿的叶片生长非常有特色，它们会朝着同一个方向旋转，如同随风而动的风车。

鹰爪十二卷

百合科十二卷属

Haworthia reinwardtii

长什么样儿： 叶片修长梭形，先端有长尖，叶端向内聚拢，叶背有凸出的白色条纹，叶色黑绿，莲座包裹紧实，形如鹰爪。

养护要点： 夏季高温时短暂休眠，休眠期要庇荫减水，保持环境通风良好，越冬温度不宜低于10℃，低于这个温度要断水，春秋季生长，不需过多浇水。繁殖方法主要有砍头茎插或分株。

萌点欣赏：

　　叶片形如坚硬的鹰爪，上面横长着白色的条纹，这便是品种特色。

寿

百合科
十二卷属

Haworthia emelyae

长什么样儿：寿没有地上茎，它的三角形叶片深深陷在土中，寿的植株较矮小，叶片厚实，几近圆柱形，叶片截面多呈三角形，因叶片颜色和窗上的纹路不同而区分品种。

养护要点：夏季高温时会休眠，休眠期要断水、移至阴凉通风处，休眠期叶片会干瘪一些，但并不碍事，秋初正常浇水后便能恢复正常。冬季低于5℃要警惕冻伤，但也有寿耐低温的记录，如果整个冬天断水，即便低于0℃，寿也能安全越冬。繁殖方法主要是叶插和分株。

萌点欣赏：

晶莹透亮及花纹繁多的"窗"是寿的欣赏重点。

姬绫锦

百合科
十二卷属

Haworthia herbacea var.herbacea

长什么样儿：叶片三角形，先端尖，叶色呈透明的淡绿色，叶面上有深绿色的网状纹路，姬绫锦在合适的养护条件下，通体都会显出透明色。

养护要点：夏季高温时会休眠，此时要将植株移到阴凉通风处，减水或断水，空气过于干热时，需要给植株少量喷雾。越冬可耐3℃左右低温，低于3℃要及时断水，当环境温度保持在15℃左右时，植株可正常生长。姬绫锦忌阳光直射，最好在散射光或半阴条件下养殖。繁殖方法为分株。

萌点欣赏：

叶边上修长的白色尖刺是品种特色。

萌点欣赏：
长三角形的修长叶片
及绿宝石般的晶莹色泽是
品种特色。

三角琉璃莲

百合科十二卷属
别名：水晶莲

Haworthia gracilis var.isabellae

长什么样儿：叶片修长三角形，叶面比较平整，叶背有凸出的龙骨，叶尖极修长，叶边有锯齿状尖刺，叶色深绿，顶端有透明的窗。叶面上有褐绿色的纵纹，光照充足时，莲座顶部的叶色会蒙上一层淡淡的褐色。品种极易滋生侧芽。

养护要点：夏季高温时休眠，如果环境阴凉通风，植株是可以正常生长的，但要适当减少浇水，越冬时温度不宜低于0℃，当环境温度保持在10℃以上时，植株可缓慢生长。三角琉璃莲不喜欢暴晒，半阴环境可以生长，但最好的光照条件是散射光。繁殖方法有分株和砍头茎插。

条纹十二卷

百合科十二卷属
别名：锦鸡尾

Haworthia fasciata

长什么样儿：叶片三角状，先端极尖，叶背有凸出的白色纹路，嫩叶翠绿色，老叶黑绿色，与鹰爪十二卷的区别在于其叶片比较直立，叶尖没有向内弯曲。品种易滋生侧芽。

养护要点：夏季高温时短暂休眠，此时要庇荫减水，保持环境通风。越冬时温度不宜低于10℃，如果低于这个温度要减水至慢慢断水。繁殖方法可用分株或砍头茎插。

萌点欣赏：

　　修长坚挺的叶片及叶背的白色纹路是品种特色。

宝草

百合科十二卷属
别名：水晶掌

Haworthia cymbiformis var.triebnet poelln

长什么样儿：叶片长匙形，厚实，叶边有稀疏的细小锯齿，叶端尖，叶色翠绿通透，叶端有深绿色的竖纹。极易滋生侧芽。

养护要点：没有明显的休眠期，但夏季时要保证环境通风良好，夏季时半阴养殖，其他三季要有充足散射光，越冬温度不可低于10℃，低于这个温度要慢慢减水至完全断水。全年均不可强光直晒，否则叶片易变焦黄。繁殖方法主要是分株。

萌点欣赏：

　　通透的半透明叶片及叶尖明显的花纹是宝草的欣赏重点。

玉扇

百合科十二卷属

别名： 截形十二卷

Haworthia truncata

长什么样儿： 叶片肉质扁平，直立生长，稍向内弯曲，排列成折扇状，叶色深绿或墨绿，有些品种截面平齐，有些则圆润突出，但多数情况下，截面都呈透明状。

养护要点： 夏季高温时休眠，此时要将植株移到阴凉通风处，减少浇水，如果环境通风良好，且处于半阴条件中，可继续正常浇水。越冬时可耐5℃以上低温，当环境温度保持在15℃左右时，植株可正常生长。玉扇不喜阳光直晒，最好的光照条件为散射光。繁殖方法为分株。

萌点欣赏：

如折扇般的形状和透明的窗是品种特色。

玉露

百合科
十二卷属

Haworthia obtusa var.pilifera

长什么样儿： 叶片近柱形，顶部肥厚多肉，基部较细薄，有些品种先端圆滚，有些品种先端尖，窗透明，叶片纹路丰富多样，叶色多翠绿或淡绿，也有些斑锦品种是黄绿相间，易滋生侧枝。

养护要点： 夏季高温时休眠，此时要庇荫减水，将植株移到阴凉通风处，偶有小雨可不用担心被雨水淋到，但要避大雨。越冬时可耐3℃左右低温，要想植株正常生长，需使环境温度保持在15℃左右。繁殖多用分株。

萌点欣赏：

晶莹剔透的叶色和叶片上富于变化的纹路是品种特色。

九轮塔 百合科十二卷属

别名：霜百合

Haworthia coarctata

长什么样儿： 叶片披针形，肥厚，先端尖，向内弯曲，所有叶片呈抱茎状，叶片背面有白色的颗粒，这些颗粒成行排列着，通常情况下，叶色灰绿，光照充足、温差加大后，叶色会变成深紫红色。

养护要点： 度夏时需要适当庇荫，并减少浇水，将植株移到通风良好的地方。越冬温度不宜低于10℃，当环境温度低于5℃时，要断水并将植株移到温暖处，品种四季均不可接受强光直射，最佳光照是散射光。繁殖方法多为砍侧枝茎插。

萌点欣赏：

　　鹰爪状的叶片及紧紧包裹成柱状的株型都是品种的欣赏重点。

龙磷 百合科十二卷属

别名：蛇皮掌

Haworthia tesselata

长什么样儿： 叶片卵圆状三角形，先端尖，肉质极厚实，叶片呈螺旋状放射排列。叶色褐绿，叶面上有不规则的纹路，叶背微微褐色，上面布满白色的小型疣突，叶边有微小的短锯齿。

养护要点： 夏季高温时休眠，此时要庇荫断水，并将植株移到通风良好处，如果盆土过于干燥，可沿盆边稍微洒水，越冬时可耐5℃左右低温，低于这个温度要警惕冻伤，当环境温度在15℃左右时，植株可正常生长。繁殖多用分株。

萌点欣赏：

　　龙鳞也名蛇皮掌，这完全是由它叶面上的纹路形似蛇皮纹而得来的，此蛇皮纹也是品种的特色。

萌点欣赏：
窗是万象的萌点所在，因为它要么透明，要么拥有各种花纹，欣赏万象才如同不可能踏入同一条河流。

万象

百合科十二卷属
别名：毛汉十二卷

Haworthia maughanii

长什么样儿： 万象没有地上茎，叶片基部都在土壤中埋藏着。叶片圆柱形，上端的横截面是平的，横截面就是所谓的"窗"，有的窗透明，有的半透明，窗上有各种各样的花纹，有的品种窗面上会比较粗糙，有小的颗粒状物质，叶色深绿或灰绿，有的品种黄绿相间，易群生。

养护要点： 夏季会休眠，要移到通风阴凉处，减少浇水，入秋后，慢慢增加浇水量。冬季环境温度在10℃以上可以正常生长，万象喜欢湿润的环境，湿度增加会使叶片更厚实饱满，色泽更晶莹剔透，我们自家养万象，不能像大棚里那样保证湿度，但我们可以用在花盆上覆保鲜膜、扣透明杯子这样的方法来制造高湿度环境，但也要注意每天按时掀开杯子或覆膜，为植株通风。繁殖万象可用叶插、分株、茎插。

玉栉 <small>百合科 十二卷属</small>

Haworthia chlorocantha var.subglauca

长什么样儿： 叶片三棱形，先端尖，棱上有绿色的短小尖刺，叶片向外弯曲明显，相比较其他十二卷属植物，玉栉的叶片最为修长。易群生。

养护要点： 夏季高温时休眠，要庇荫，保持环境通风，尤其对于群生的玉栉而言，通风显得格外重要，群生后植株底部严密，如果环境通风条件差，植株根茎部很容易黑腐，春秋冬三季生长，此时生长速度快，滋生侧芽多，要保证植株所需水分。繁殖方法主要用分株。

萌点欣赏：

　　修长的翠绿叶片向外弯曲，与美人的兰花指颇为相像。

斑马芦荟 <small>百合科 芦荟属</small>

Aloe zebrina

长什么样儿： 叶片较宽且薄，向外卷曲生长，叶端尖，叶缘有浅褐色的尖刺，叶背和叶面上长满白色斑点，叶色翠绿，品种易群生。

养护要点： 夏季正常生长，但要保证生长环境通风良好，在阴湿天气里少浇水，以免因积水和闷热而导致根部腐烂，冬季尽量使环境温度不低于15℃，夏季需适当庇荫，其他季节保证充足光照。繁殖方法主要是分株。

萌点欣赏：

　　向外卷曲的薄叶片及叶片上分布的密密的白色斑点是品种特色，斑马芦荟像斑纹芦荟一样，叶片上密布白色斑点，却不如斑纹芦荟肉质肥厚。

萌点欣赏：
仿佛会渗出汁液的嫩绿色透明叶片是中华芦荟的特色。

中华芦荟

百合科芦荟属
别名：中国芦荟

aloeveral.var.chinesis(haw)

长什么样儿： 叶片长三角形，非常厚实，叶棱上有很多绿色的尖刺，叶面上有不均匀的白色斑点，先端尖，叶片极修长，叶片簇生，中华芦荟的药用价值和食用价值都很高，很多芦荟原液都是由中华芦荟萃取的。植株易滋生侧芽。

养护要点： 四季均可生长，但夏季要适当庇荫，警惕强光晒伤叶片，也要减少浇水，警惕烂根。冬季温度低于10℃时要减少浇水，浇大水易发生冻伤。繁殖方法可用茎插或分株。

不夜城
百合科芦荟属
别名：大翠盘

Aloe nobilis

长什么样儿：植株无茎，叶片披针形，肉质肥厚，叶色翠绿，叶片边缘有淡黄色的锯齿状肉刺，叶面和叶背有分布不均的凸起。品种易群生。

养护要点：没有明显的休眠期，可四季生长，但夏季要将植株放在阴凉的地方养殖，减少浇水。越冬时环境温度保持在15℃左右，植株可正常生长。春秋冬两季保持充足光照，度夏时稍微庇荫。繁殖可用分株。

萌点欣赏：

翠绿色的叶片晶莹剔透，春季时开出长筒形粉色小花，模样雅致。

皂质芦荟
百合科芦荟属

Aioe saponaria

长什么样儿：叶片宽大厚实，呈半筒状簇生在一起，先端尖，叶边长满白色的尖刺，有的品种叶面上有斑点，有的品种则翠绿无纹。植株易滋生侧芽。

养护要点：四季均可生长，没有明显休眠期，夏季需减少浇水，适当庇荫，冬季温度低于10℃要减少浇水，保持盆土干燥。繁殖方法主要是叶插或分株。

萌点欣赏：

叶片宽厚，株型大气，既可观赏也可净化空气。

黑魔殿 百合科芦荟属

Aloe erinacea

长什么样儿： 叶锥形，上面长满白色或褐色的尖刺，茎干呈灰绿色，上面覆盖着一层薄薄的白粉，叶片排列紧密，莲座小巧精致。

养护要点： 夏季高温时休眠，要将植株移到阴凉通风处，减少浇水且避免雨淋。越冬时温度最好保持在10℃以上，低于5℃要减水直至断水。繁殖方法主要用播种。

萌点欣赏：

　　茎干上的长尖刺是品种特色，显现出黑魔殿强悍的本色。

千代田锦 百合科芦荟属

别名：翠花掌

Aloe variegata

长什么样儿： 叶片三角剑形，向内有个弯曲的弧度，叶背面有凸出的龙骨，叶端尖，但无明显长刺，叶缘光滑，有明显白边，叶色深绿，叶面上有错落排列的白色斑纹，冬春季时，会从叶心中滋生出花箭，开粉红色筒状小花。

养护要点： 夏季高温时会休眠，休眠期要庇荫减水，将植株移到通风好的地方，越冬温度最好保持在15℃以上，低于10℃要慢慢减少浇水，除了夏季半阴养护外，其他季节可给予充足散射光，忌强光直晒。繁殖方法主要为分株或播种。

萌点欣赏：

　　叶面上斑驳的白色斑纹及白色的叶边是品种特色。

萌点欣赏：

琉璃姬孔雀的特色是叶片上覆盖着密密麻麻的白刺，或者可以称之为白毛，如果没有这些白刺，它分明就是一株十二卷，但有了这些白刺，就变成了如开屏孔雀尾的琉璃姬孔雀，虽姿态平凡却多了一些君临天下的气概。

琉璃姬孔雀

百合科芦荟属
别名：毛兰

Aloehaworthioides

长什么样儿： 叶片长剑形，叶端有长尖，叶色深绿，叶面上覆盖着密实的白色软刺，远观如开屏的孔雀尾。品种易滋生侧芽。

养护要点： 没有明显休眠期，夏季需适当庇荫减水，保持环境通风，不惧怕雨淋，但土壤过湿时环境一定要通风顺畅，越冬温度不宜低于10℃，环境寒冷时要断水。春季季避免强光直射，充足的散射光条件最适宜植株生长。繁殖主要用分株。

不夜城锦
百合科
芦荟属

长什么样儿： 植株无茎，叶片披针形，肉质肥厚，叶片上长有黄绿相间的竖条纹，有些叶片完全呈黄白色，叶面和叶背有分布不均的凸起。品种易群生。

养护要点： 养护方法与不夜城相近，只是在光照方面，光照过强会使叶片上的斑锦褪色，因此散射光最适合不夜城锦。

萌点欣赏：

叶片上黄绿纵条纹相间生长，有斑驳优美之感。

日月潭
百合科
瓦苇属

长什么样儿： 日月潭是寿中的一种，但从姿态上讲，绝对是颜值较高的一种。它的短茎截面呈三角形，截面上有清晰的灰褐色纹路，截面晶莹剔透，泛出清亮的光泽。

养护要点： 夏季时温度超过35℃，品种会进入休眠状态，此时生长缓慢，要将植株移到阴凉通风处，减少浇水或适当断水，且避免雨淋。越冬温度不可低于10℃，低于这个温度要慢慢断水。日月潭不宜接受阳光直射，养出好姿态散射光最佳。繁殖多用播种或砍头茎插。

萌点欣赏：

丰满优雅的姿态及晶莹剔透的截面是品种特色。

子宝
百合科
鲨鱼掌属

Gasteria gracilis

长什么样儿： 叶片舌形，对生，先端稍尖，叶色黑绿，叶面光滑，上面有白色的斑纹，日照增加后，叶片颜色会由黑绿转成淡淡的褐红色。品种易滋生侧芽。

养护要点： 全年无明显休眠期，度夏时要将植株移到阴凉通风处，减少浇水，越冬时温度不宜低于0℃，当环境温度在10℃以上时，植株可正常生长。子宝是耐阴的植物，忌阳光直晒。繁殖多用分株。

萌点欣赏：

叶片上白色的斑纹是子宝的欣赏重点，每一片叶上的斑纹都各不一致，这为子宝增添了许多不一样的韵味。

卧牛
百合科
鲨鱼掌属

Gasteria armstrongii

长什么样儿： 卧牛的外形相当简单，叶片舌状，对生，肉质厚实，对生叶一层层重叠生长，叶色深绿或墨绿，叶面上有白色的凸点。易滋生侧芽。

养护要点： 夏季高温时短暂休眠，休眠期要庇荫减水，保持良好的通风环境，空气干燥时可给植株少量喷雾，越冬温度不得低于5℃，环境温度在15℃左右时植株可以正常生长。繁殖可用分株。

萌点欣赏：

肥厚的舌状叶片是品种特色。

珍珠吊兰

菊科千里光属

别名：佛珠

Pearl Chlorophytum

长什么样儿：茎干纤细柔软，淡绿色，叶片圆球形，顶端有小尖，叶色翠绿，有透亮感，植株多匍匐生长，或垂坠生长。

养护要点：全年无明显休眠期，度夏时需将盆栽移到阴凉通风处，可正常浇水，但空气湿度过高时要适当减少浇水。越冬时可耐0℃以上低温，在0℃左右时就要断水，环境温度保持在10℃以上植株可缓慢生长。繁殖方法为茎插。

萌点欣赏：

　　翠绿的圆珠镶嵌在柔软的茎干上，既有一帘幽梦般的梦幻感，又可制造出一个绿意盎然的自然世界。

蓝月亮

菊科千里光属

别名：美空鉾

Senecio antandroi

长什么样儿：茎干翠绿色，叶片轮生于茎干周围，且从茎底部到茎干顶部，全部围满叶片，叶片修长柱形，先端尖，稍向内聚拢，叶色蓝绿，叶片上覆盖着薄薄的白粉。从形态上看，与蓝松十分相像，但蓝松的叶片更粗壮，且蓝松只是茎干顶端有叶片。易滋生侧枝。

养护要点：全年几乎都不休眠，夏季正常生长，但要适当庇荫，并保持环境通风，如果气温高，闷热潮湿，可适当减少浇水。越冬温度保持在10℃以上，可正常管理，低于5℃则要慢慢减少浇水，警惕冻伤。繁殖方法主要是分株。

萌点欣赏：

　　稍稍向内聚拢的细长叶片，与叶片上薄薄的白粉是欣赏重点。

新月

菊科千里光属
别名：银棒菊

Senecio scaposus

长什么样儿：叶片棒状，先端尖，在茎干基部轮生，叶片直立生长，但不会长很长，叶面上覆满白色的短小绒毛，在绒毛的掩映下，叶片呈银白色。易群生。

养护要点：夏季高温时短暂休眠，此时要注意庇荫减水，使环境保持良好通风。越冬温度不要低于0℃，当低于这个温度时要断水。春秋季一定要保持充足光照，否则植株易徒长，徒长后株型不美。繁殖方法可用茎插或分株。

萌点欣赏：

叶片上的密实短小绒毛是品种特色。

七宝树

菊科千里光属
别名：仙人笔

Senecio articulatus

长什么样儿：茎圆柱形，直立，茎干外皮粉蓝色，叶片具修长叶柄，叶片长卵形，具3~5裂，有些叶片似蝶形，叶色淡绿或翠绿。品种易滋生侧枝。

养护要点：度夏时要移到阴凉通风处，少浇水，高温时会生长缓慢或完全停止生长。越冬时温度应保持在10℃以上，低于3℃时要警惕冻伤。春秋季为主要生长季，此时要充足浇水，保证充足的散射光。繁殖方法主要是分株或茎插。

萌点欣赏：

圆滚滚的粉蓝色圆茎及稀疏生长的蝶形小叶片很具喜感，那么直立的小小一株却如笔状，所以也被称为仙人笔。

泥鳅掌

菊科千里光属

别名：地龙

Senecio pendulus

长什么样儿：茎干肉质圆筒形，茎干顶端稍尖，茎干表层深绿色或褐色，上面有不规则的花纹，茎上有小刺，匍匐生长，易群生。从外形上看，泥鳅掌既像泥鳅又像蛇，对于有软体动物恐惧症的人而言，还真是有点儿害怕呢。

养护要点：夏季高温时会休眠，休眠期要移至阴凉通风处，减少浇水。冬季只要温度不低于5℃，便可安全越冬，但在管理过程中，要特别注意修剪株丛，泥鳅掌很容易盘曲交错，长成满满一盆，为了使茎干底部通风顺畅，要及时去除过密的茎干。泥鳅掌的繁殖方法主要是茎插，成活率极高。

萌点欣赏：

盘曲交错的筒状茎是欣赏重点，可能并不是每一个人都能欣赏的。

紫蛮刀

菊科千里光属

别名：鱼尾冠

Senecio crassissimus

长什么样儿：茎干深绿色，叶片形状如鱼尾，边缘平滑，叶面光滑，覆薄粉，交错生于茎干上，叶色翠绿，当光照充足、温差加大后，叶片会呈现出淡淡的紫色，叶边深紫色，夏初开黄色小花。

养护要点：夏季不休眠，但要移至阴凉通风处，并减少浇水，冬季温度在10℃以上时可正常生长。繁殖方法主要是茎插。

萌点欣赏：

叶片呈现出淡淡的紫色，很像一尾尾颜色特别的鱼儿，与其他植物混植魅力增加。

蓝松 菊科
千里光属

Senecio serpens

长什么样儿： 叶片披针形，厚实，先端尖，叶片微微向内弯曲，叶背有明显的竖纹，叶面上覆盖着一层厚实的白粉。品种易滋生侧枝。

养护要点： 全年无休眠期，但度夏时要适当庇荫，最重要的是保持良好的通风环境，并适当减少浇水。越冬温度保持在10℃以上，植株可正常生长，低于0℃时，要断水。繁殖蓝松多用分株。

萌点欣赏：
　　蓝色的修长叶片及叶片上的白粉是品种特色。

紫玄月 菊科千里光属
别名：黄花新月

Othonna capensis L.H.Bailey

长什么样儿： 叶片弯月形或圆柱形，茎纤细，植株匍匐生长，茎淡紫色，叶翠绿色，光照充足、温差加大后，茎叶会变成紫红色。秋季开花，花黄色，舌状单瓣，花型类似野菊花。

养护要点： 全年无明显休眠期，度夏时需将植株移到半阴处，如果通风良好，可以照常浇水。越冬时可耐3℃左右低温，但此时要断水，当环境处在15℃左右时，植株可以正常生长。对于耐旱的多肉植物而言，紫玄月是比较喜水的，如果养殖环境通风好，必须要给植株浇足水，这样叶片才会饱满圆润。繁殖多用茎插。

萌点欣赏：
　　弯月形的叶片及紫色的茎叶是品种欣赏特色。

萌点欣赏：
　　株型小巧别致，茎干基部可以开出钟形的紫色小花，这便是玉牛掌的特点。

玉牛掌

萝藦科玉牛角属
别名：玉牛角

Duvalia elegans

长什么样儿： 茎干棱形，棱上有不规则的齿刺，茎绿色或灰绿色，夏季会从茎干基部开出钟形的紫色花朵。植株易群生。

养护要点： 夏季和冬季都会出现短暂休眠，处于休眠期时要减少浇水或断水，保证环境通风良好。春秋季生长比较快，可浇多一些水，但得保证光照充足。繁殖方法可用茎插或分株。

萌点欣赏：
虽然茎干如泥鳅般滚圆，但搭配着茎上细密的白色绒毛，就使得这个品种萌态可掬了不少。

毛茸角
萝摩科丽钟角属
别名：毛绒角

Stapelianthus pilosus

长什么样儿： 茎干圆柱形，匍匐生长，茎上布满白色的长绒毛，茎干深绿色，光照充足、温差加大时，外表会变成紫褐色，毛茸角的花朵比较奇特，花型六角钟形，花瓣上满布褐色斑点，如豹斑。品种易滋生侧芽。

养护要点： 夏季高温时会休眠，此时要减少浇水，将植株移到阴凉通风处，越冬时温度最好在10℃以上，低于3℃要断水，并将植株放在光照充足的温暖处。除了夏季适当庇荫外，其他季节都要保证充足光照。繁殖方法主要用分株。

227

萌点欣赏：
茎上角状的凸起是品种特色。

紫龙角
萝藦科
水牛掌属

Caralluma hesperidum

长什么样儿： 茎圆柱形，茎上有4条棱，棱凸起，上面长有粗壮的尖刺，茎面灰绿色，有红褐色的斑纹，开星状红褐色的花朵，花有臭味。

养护要点： 紫龙角既不耐高温，也受不了寒冷，夏季高温时休眠，要给植株庇荫，保持环境通风良好，适当减少浇水。越冬时环境温度不宜低于10℃，当温度过低时，应断水将植株移到温暖的地方。繁殖方法主要是茎插和播种。

萌点欣赏：
　　茎干上长满了角状的凸起及长刺，花期时欣赏紫红色的花朵，不在花期时则欣赏其凌厉有型的肉质茎。

魔星花
萝藦科剑龙角属
别名：剑龙角

Hhuernia macrocarpa

长什么样儿：茎干圆柱形，有4~6条棱，棱上有波浪形的锯齿，锯齿上具尖刺，也可以将其称为角状的凸起，茎深绿色或灰绿色，易滋生侧枝。花朵钟形，深紫红色。

养护要点：夏季将植株移到阴凉通风处，只要温度不高于35℃便不会休眠，但注意要少浇水，魔星花比较不耐寒，越冬温度不可低于10℃，除了夏季适当庇荫，其他季节都要给予充足光照。繁殖方法可用茎插。

萌点欣赏：
与金边虎皮兰相比，短叶的品种更为小巧精致，更适合做桌面装饰物。

金边短叶虎皮兰

Sansevieria trifasciata 'Golden Hahnii'

龙舌兰科虎尾兰属
别名：金边短叶虎尾兰

长什么样儿： 叶片底部半筒状，上面平直，叶片肉质厚实，叶色深绿，叶边金黄色，叶面上有斑驳的条纹，与金边虎皮兰相比，短叶的品种更加小巧。叶面上分布着条纹状的斑纹。与虎皮有些相似，叶边金黄色，品种易滋生侧枝。

养护要点： 全年无明显休眠期，度夏时要适当庇荫，越冬温度不可低于10℃，当环境温度保持在20℃以上时植株可正常生长。繁殖可用分株。

萌点欣赏：叶片上似虎皮纹的条纹，和叶片边缘金黄色的宽边是品种特色。

金边虎皮兰

龙舌兰科
虎尾兰属

Sansevieria trifasciata

长什么样儿：叶片底部半筒状，上面比较平直，叶片肉质厚实，叶色深绿，叶面上分布着条纹状的斑纹，与虎皮的有些相似，叶边金黄色。品种易滋生侧枝。

养护要点：可四季生长，但温暖季节生长更快，夏季高温时相对庇荫，少浇水，越冬时温度最好不要低于0℃。当低于这个温度时要减少浇水或断水。其他季节正常管理，保证充足光照。繁殖可用分株。

石笔虎尾兰

Sansevieria stuckyi

长什么样儿： 地上茎很短，几乎看不到，叶片圆筒形，叶端修长而坚硬，叶色灰绿，上面有纵向浅凹沟纹。品种易群生。

养护要点： 四季均可生长，可粗犷管理。夏季适当庇荫，盆土干透浇透，越冬时环境温度保持在0℃以上，可耐半阴，在散射光条件下生长最佳。繁殖方法可用分株。

萌点欣赏：

石笔虎尾兰如同品种名字一样，圆柱形的植株很像石笔，纤细修长。

鬼脚掌

龙舌兰科龙舌兰属
别名：笹之雪

Agave victoriaae-reginae

长什么样儿： 植株无茎，叶片自根茎基部生长，叶片呈狭长的三角锥形，叶背有凸起的龙骨，叶面有不规则的白色条纹，叶端较尖，叶片排列紧密。易群生。

养护要点： 春夏秋三季生长，夏季可正常浇水，但要适当庇荫，免得晒伤叶片，并保证养护环境通风良好。越冬时温度不可低于5℃，低于这个温度要警惕冻伤。繁殖方法主要是分株。

萌点欣赏：

灰绿色叶片上的白色条纹极像手绘的，也为鬼脚掌增添了一丝神秘。

金边狭叶龙舌兰

龙舌兰科龙舌兰属

别名：白缘龙舌兰

Agava angustifolia Haw.var.marginata

长什么样儿： 叶片剑形，肉质厚实，叶边有锯齿小刺，叶色深绿，叶边金黄色。株高能达到1米左右，多用来绿化城市。

养护要点： 夏季可生长，但要稍庇荫，适当减少浇水，越冬温度不宜低于−5℃，否则易发生冻伤，其他季节正常管理。繁殖方法可用分株。

萌点欣赏：

修长的剑形叶片及叶边边缘的金黄色是欣赏重点。

剑麻

龙舌兰科龙舌兰属

别名：菠萝麻

Agava sisalana Perr.ex Engelm.

长什么样儿： 叶片细剑形，肉质厚实，叶色灰绿，叶面上覆白粉，先端极尖，株高2米左右，

养护要点： 夏季生长，正常浇水，但要适当庇荫，越冬温度不宜低于0℃，剑麻高大，多在南方城市露地栽培，如果在北方，最好越冬时移到室内。繁殖方法可用分株。

萌点欣赏：

剑形的灰绿色叶片组成的高大莲座英武气十足，这便是剑麻的特点。

银边狭叶剑麻

龙舌兰科
龙舌兰属

Agava angustifolia var.marginata

长什么样儿： 叶片剑形，先端极尖，叶色深绿，叶边白，株型高大。易生侧芽。

养护要点： 春夏秋三季生长，夏季要适当庇荫，植株耐旱可少浇水，越冬温度不可低于0℃，否则易发生冻伤，繁殖方法可用分株。

萌点欣赏：

剑形叶片和白色叶边是品种特色。

吹上

龙舌兰科
龙舌兰属

Agava stricta

长什么样儿： 叶片纤长披针形，叶片表面平，背面凸起，叶色深绿或灰绿，细叶呈莲座排列，株高在50厘米左右。

养护要点： 春夏秋三季生长，夏季稍庇荫，如果环境干燥可多给植株喷水，越冬时温度不宜低于0℃，低于这个温度要慢慢断水，保持盆土干燥。繁殖可用分株。

萌点欣赏：

披针形的纤长叶片是品种特色。

龙舌兰

龙舌兰科
龙舌兰属

Agava angustifolia var.marginata

长什么样儿： 叶片剑形，先端极尖，叶色深绿，叶边白，株型高大。易生侧芽。

养护要点： 春夏秋三季生长，夏季要适当庇荫，植株耐旱可少浇水，越冬温度不可低于0℃，否则易发生冻伤。繁殖方法可用分株。

萌点欣赏：

剑形叶片和白色叶边是品种特色。

萌点欣赏：

叶片边缘黄色条带的镶边是品种特色。

金边龙舌兰

龙舌兰科
龙舌兰属

Agava americanavar.Marginata

长什么样儿： 叶片剑形，先端极尖，叶色翠绿，叶片边缘金黄色，叶缘有锯齿，每片叶子的大小都不太一样，组成的植株高约1米。品种易滋生侧芽。

养护要点： 夏季生长，但光照强烈时要适当庇荫，越冬温度不可低于-3℃，低于这个温度要断水，繁殖方法可用分株。

萌点欣赏：
　　翠绿的叶片，光滑的叶缘像极弯弯翘起的狐尾，这便是品种特色。

狐尾龙舌兰

龙舌兰科龙舌兰属

别名：无刺龙舌兰

Agava attenuata

长什么样儿： 叶片长卵形，中间向内弯曲，叶端尖，叶片翠绿色，叶面上覆盖着薄薄的白粉，株型并不紧凑，叶片向四下散开。

养护要点： 夏季高温时可继续生长，但要适当庇荫，并减少浇水，其他季节可接受充足光照，越冬温度不可低于10℃，环境温度在5℃以下应警惕冻伤。繁殖方法多为分株。

萌点欣赏:
　　蓝绿色的叶片所组成的莲座如一个硕大的盘子，故也称"翡翠盘"。

初绿
龙舌兰科龙舌兰属
别名：翡翠盘

Agave attenuata

长什么样儿：叶片宽披针形，叶端尖，叶片两边向内弯曲出一个凹槽，叶色蓝绿，叶片较薄，莲座紧凑，形如翡翠盘。

养护要点：夏季不休眠，但要适当庇荫，适当减少浇水，但不能使盆土干旱过久。越冬时温度不宜低于5℃，环境温度在15℃以上时，品种可正常生长。除了夏季适当庇荫，其他季节都要保证充足光照，否则莲座会松散无形，失去翡翠盘的美感。繁殖方法多用分株。

237

泷之白丝

龙舌兰科
龙舌兰属

Agave schidigera

萌点欣赏：
叶片上生长出的弯曲白丝
很具特色，是欣赏重点。

长什么样儿： 叶片剑形或线形，先端极尖，叶片较坚硬，叶缘生长着很多弯曲的白丝，故名"泷之白丝"，泷之白丝的叶片排列整齐，所以莲座形状极规整，叶色深绿至灰绿，视觉冲击力较强。

养护要点： 泷之白丝在夏季生长旺盛，寒冷冬季休眠，在很多地区，泷之白丝被栽种在公园、路边等地，作为绿化苗木，那些苗木从未庇荫，生长得也挺好，但家庭养殖，在正午时分，可适当庇荫，以免叶片被灼伤，降低欣赏价值。冬季最好保证环境温度在10℃以上，低于这个温度要减少浇水。繁殖方法主要用分株。

萌点欣赏：
迷你的小莲座及叶端褐色的长尖是品种特色。

王妃雷神

龙舌兰科龙舌兰属
别名：姬雷神

Agave potatorumver schaffeltii 'Compacta'

长什么样儿： 王妃雷神也叫姬雷神，多肉植物中，大多数以"姬"开头的多肉植物，都是原品种的小型园艺种，如姬雷神是雷神的小型变种，姬胧月是胧月的小型变种，姬秋丽是秋丽的小型变种等等。王妃雷神较雷神而言，莲座比较小，叶片卵圆形，叶端有褐色长尖，叶边有波浪状锯齿，叶片厚实肉质，叶色蓝绿，叶面上覆盖着一层薄薄的白粉。

养护要点： 夏季高温时可继续生长，但需要适当庇荫，并保持环境通风良好，尽量减少浇水，因为王妃雷神是比较耐旱的植物，并不喜水。越冬时环境温度不可低于10℃，一旦低于这个温度要尽快断水，并将植株移到温暖处，以免发生冻伤。繁殖方法多用分株。

银毛冠

鸭跖草科
银毛冠属

Cyanotis somalensis

长什么样儿： 叶片披针形，极短小，叶片两边微微向内卷曲，叶面及叶背都覆盖着白色的短绒毛，叶边更是长满白色的长纤毛，如白色的长睫毛。银毛冠的茎很软，一般匍匐生长，容易滋生出新的茎节。

养护要点： 夏季不休眠，但要给植株稍微庇荫，在空气特别干燥的时候，要给环境增湿，夏季浇水可选在早晨或傍晚，避免正午时间浇水。越冬温度不宜低于10℃，在15℃以上时，植株可缓慢生长。繁殖主要用茎插或播种。

萌点欣赏：
叶片上密缠的如蛛网一样的白丝是品种萌点。

白雪姬
鸭跖草科
鸭跖草属

Tradescantia sillamontana

长什么样儿： 叶片长卵形，互生，叶片两边稍向内聚拢，叶色深绿或褐绿，叶片上生有浓密的白色长毛，如蜘蛛网般密实。

养护要点： 夏季高温时要适当庇荫，保证环境通风良好，必须减少浇水，浇水时也要注意不要弄到叶片上。越冬时如果温度过低，植株会停止生长，白雪姬不耐寒，当温度低到5℃时，就要断水保暖了，环境温度在20℃左右时可正常生长。繁殖多用分株或茎插。

萌点欣赏：
紫红色的叶片及叶腋中生出的丝状纤维毛是品种特色。

吹雪之松锦

马齿苋科
回欢草属

Anacampseros telephiastrum Sunset

长什么样儿： 叶片倒卵形，叶面光滑，植株长到一定高度会匍匐生长，老叶深绿色，新叶淡绿色，光照充足、温差加大后，叶边甚至整个叶片会变成紫红色，叶腋间生有很多白色丝状的纤维毛。品种极易群生。

养护要点： 全年无明显休眠期，夏季只要环境阴凉，通风条件好，植株便可以正常生长，但为了防止植株徒长，需要减少浇水。越冬温度不宜低于0℃，环境温度保持在15℃左右时，植株可正常生长。繁殖方法有砍侧枝茎插或播种。

雅乐之舞

马齿苋科马齿苋属

别名：斑叶马齿苋树

Portulacaria afra var.variegata

长什么样儿：茎干灰褐色，叶片圆形肉质，交互对生，叶片中间淡绿色，边缘淡黄色，光照充足、温差加大时叶边会变成粉红色。易木质化。

养护要点：夏季要适当庇荫减水，保证环境通风，冬季要保持环境温度在5℃以上，其他季节正常生长。但要注意在生长期施肥时，不可施过多氮肥，氮肥会使叶片中绿色素增多，可选用多肉专用的颗粒缓释肥。繁殖方法主要是茎插。

萌点欣赏：

　　如碧玉般黄绿色透明叶片本身就很美，加上奇特各异的造型，虽是金枝玉叶的斑锦品种，但比金枝玉叶具有更高的观赏价值。

太阳花

马齿苋科马齿苋属

别名：死不了

Portulaca grandiflora

长什么样儿：肉质茎白绿色，叶片披针形，叶色翠绿，茎节上有细毛。花顶生，花有单瓣也有复瓣，颜色多种，常见紫红色、红色、粉红色、黄色、白色及各种复色。

养护要点：夏季生长，冬季休眠，夏季可接受全日照，正午时稍微庇荫，可充分浇水，但要避免盆中积水。冬季休眠时要少浇水，保证环境温度不低于5℃，低于0℃易发生冻伤而死。

萌点欣赏：

　　五颜六色的花是品种特色，而且超级好养，别说你不会养花，死不了是不会被养死的。

萌点欣赏：
几近圆形的叶片层层叠叠地生长在茎干周围，一个像串钱的植物，摆在家里非常有财的美好寓意。

金钱木 马齿苋科
马齿苋属

Portulaca molokiniensis

长什么样儿： 茎干粗壮，老茎灰褐色，嫩茎绿色，叶片几近圆形，很薄，叶边平滑，叶面光滑无粉，随着植株生长，茎干会弯曲，用铁丝稍作造型后，欣赏价值更高。在市面上能见的植物中，还有一种叫作金钱木的绿植，它也是叶片规则地生于茎干两边，但彼金钱木叶片长卵形，叶尖，且是天南星科，花友选购时要特别注意区分。

养护要点： 夏季高温时要适当庇荫，减少浇水，保证环境通风，高温时浇水过多会导致落叶和植株黑腐。冬季不耐低温，环境温度最好在10℃以上，低于这个温度要减少浇水。繁殖方法主要是茎插。

金枝玉叶

马齿苋科
马齿苋属

Portulacaria afra
别名：马齿苋树

萌点欣赏：
小的卵圆形叶片密生于茎干周围，是多肉中不可多得的可做出奇特造型的品种。

长什么样儿： 老茎深褐色，嫩茎灰绿色，卵圆形的肉质叶片密生于茎干周围，叶面光滑无粉，叶色翠绿。光照充足时株型紧凑，叶片饱满厚实，光照不足时叶片间距拉长，叶片会变得薄弱。易滋生侧枝和木质化。它的斑锦品种是雅乐之舞。

养护要点： 夏季高温时适当庇荫，保持环境通风，如果环境过于荫蔽要减少浇水，如果只是正午时避光则可正常浇水，但要避免雨淋。越冬温度不可低于5℃，否则易发生冻伤。繁殖方法可用茎插，成株造型可随时进行。

萌点欣赏:

柔软的绿茎上垂坠生长着圆形的肉质叶片，非常像一个个碧绿色的圆形小鼓，故名碧雷鼓。

碧雷鼓

葫芦科
碧雷鼓属

Xerosicyos danguyi

长什么样儿： 茎干柔软，呈深绿色，叶片椭圆形，互生，极肉质，叶边光滑，叶面上覆盖着细小的短绒毛。品种极易滋生侧枝。

养护要点： 度夏时继续生长，但要适当庇荫，保持环境通风良好，适当减少浇水。越冬温度最好保持在15℃以上，低于这个温度要减少浇水直至断水，此品种可耐半阴，应避免强光直射。繁殖方法可用茎插。

碰碰香

唇形科香茶菜属

别名：一抹香

Plectranthus tomentosa

长什么样儿： 老茎棕褐色，嫩茎淡绿色，叶片卵圆形，叶片上覆满白色的绒毛，叶边有波浪形的缺刻，叶面及叶背有网格状的明显纹路。极易滋生侧芽。平时无香味，但碰触后，植株会散发出怡人的果香，香气有提神醒脑的作用。

养护要点： 全年无明显休眠期，夏季保持环境通风，适当庇荫，可正常浇水。越冬时环境温度保持在10℃以上植株可缓慢生长，当温度低于0℃时，要及时断水。繁殖方法多用砍侧枝茎插。

萌点欣赏：

　　扭曲盘旋的叶片很像弹簧，虽无实肉质，也没有特殊的色彩，但奇特的模样也会招人喜爱。

弹簧草
风信子科Albuca属
别名：螺旋草

Albuca namaquensis

长什么样儿： 叶片因品种不同，有些呈细线形，有些呈带状，先从茎底部开始直立生长，上部扭曲盘旋，如弹簧状。叶色翠绿，光照充足、温差大时叶片上部扭曲盘旋得更加紧致，光照不足扭曲程度会降低，最后叶片变直，失去观赏价值。

养护要点： 夏季高温时，弹簧草会进入休眠状态，叶片逐渐萎缩干枯，此时要避免水量过大，可适当少量滴水，保证植株根系在休眠期内不会干死。入秋后，会从枯萎的鳞茎处滋生出嫩芽，越冬温度不低于10℃，可保证植株正常生长。繁殖方法可用侧芽扦插，弹簧草的根部与风信子、百合、水仙等球根植物一样，大的鳞茎旁边会共生很多小鳞茎，换盆时将这些小鳞茎掰下扦插，便可成为新的植株。

> **萌点欣赏：**
> 翠绿的叶面和暗红色的叶背相映成趣，谁说红配绿很俗气呢，红背椒草就靓丽得动人。

红背椒草
胡椒科椒草属
别名：雪椒草

Peperomia claveolens

长什么样儿： 茎干肉质，叶片卵圆形，比较厚实，对生在茎干两侧，叶片上长有短小的叶柄，叶面翠绿色，叶背暗红色，叶背有明显的龙骨，易丛生。说起红背椒草，虽然它全株肉质，也深受广大肉友的喜爱，可实际上，它是豆瓣绿的亲戚，豆瓣绿是椒草的一种，著名的小绿植，从这点也可以看出，即便同科同属，每一种植物也是有各自不同的样貌。

养护要点： 夏季不休眠，但要庇荫，生长环境要通风良好，稍微减少一些水分。越冬温度不可低于10℃，红背椒草比较不耐低温，温度过低易发生冻伤。除了夏季适当庇荫外，其他季节都要保证充足的光照，否则叶片会松散，株型不美观。繁殖方法主要是茎插。

索引

251

绿色空气净化方案

定价：39.90元

观花养花工具书

定价：49.90元

动植物百科全书

定价：49.90元